인기 디저트 카페의 스위트 레시피

달콤한 나의 디저트

My Sweet Dessert

기억하고 싶은 달콤한 이 순간

맛 있고 예쁜 카페를 찾아다니면서 시작했던 블로그 덕분에 책을 쓴 지도 4년이 되었습니다. 이번에 책을 개정하면서 제가 좋아하던 카페들을 담기 위해 직접 발로 뛰고 취재를 해서 그런지 속이 시원하면서도 한편으로는 더 잘할 걸 하는 아쉬움이 남습니다.

다행히 디저트 카페의 인기가 한창 높아졌던 시기에 좋은 곳들을 취재할 수 있었고 많은 분들과 다양한 디저트를 맛볼 수 있어서 즐거웠습니다. 책이 출간된 지 벌써 4년이란 시간이 지났고 그 시간만큼 디저트의 트렌드도 바뀌었습니다. 새로운 곳들도 많이 생겼고 많은 곳들이 문을 닫았습니다. 저희 책도 영업이 종료되고 메뉴가 바뀐 곳들이 있어 개정 작업을 했습니다. 새롭게 추가되는 카페와 베이커리만 해도 10곳이 넘으며, 전의 책과 마찬가지로 인기 카페의 소중한 레시피가 공개됩니다.

2011년도에 카페 인터뷰를 다닐 때만 해도 프랑스 꼬르동 블루 파티셰 과정을 이수한 경력이 카페를 어필할 수 있는 대단한 요소였는데 요즘은 이것이 기본이 될 정도로 카페의 수준이 고급화되었습니다. 디저트 문화를 즐기는 사람들이 늘어난 만큼 수준 높은 디저트를 접할 곳이 많아진 것도 주목할 만한 변화입니다. 높아진 고객들의 눈높이를 맞추기 위해 지금도 많은 파티셰들이 차별화된 레시피를 연구하고 재료 선별에도 엄청난 고민을 하고 있습니다. 그래서인지 레시피 공개를 부담스럽게 느끼는 분들이 많아 개정 작업이 쉽지는 않았습니다. 큰 부담에도 불구하고 오랜 시간 연구한 소중한 레시피를 공개해주신 카페 관계자분들께 다시 한 번 감사드립니다!

요즘은 SNS를 보면 집에서도 카페 못지않게 예쁘고 훌륭한 홈 베이킹을 하시는 분들이 많이 늘었다는 것을 알 수 있습니다. 음식을 만드는 과정도 재미있고 완성되었을 때 성취감도 있지만, 무엇보다 함께 먹는 사람을 위해 베이킹을 할 때 더 힘이 솟는 것 같습니다. 남편, 아내, 부모님, 아이들을 위해 인기 카페의 유명한 디저트를 집에서도 즐겨보는 건 어떨까요? "이거 유명 카페에서 파는 케이크랑 똑같은 거야!"라며 자랑도 해보고 예쁜 접시에 담아 사진으로 남겨 추억을 만들어보는 건 어떨까요?

블로그를 시작한 지 벌써 7년이란 시간이 지났고, 그 시간 동안 찾아주시는 분들 덕분에 많은 힘을 얻어 이렇게 책도 출간하게 되었습니다. 이 책을 마무리하며 감사한 마음을 전해봅니다. 그리고 책을 만드는 데 도움을 준 가족들과 이 책의 포토그래퍼이자 항상 함께해주는 남편에게도 감사의 말을 전합니다.

Miree 이미리

Contents

Dessert Cafe

디저트 카페

앙증맞은 소품이 사랑스러운 카페
오시정

따뜻하고 실속 있는 일본식 카페
당고집

Bakery Cafe

베이커리 카페

• 디저트와 재료명은 외래어 표기법에 따라 표기했습니다.
• 이 책에 실린 디저트의 일부는 카페 메뉴를 재현한 것으로 실제와 차이가 있을 수 있습니다.

디저트의 종류

식사를 마무리하면서 입가심으로 즐기는 디저트. 케이크부터 과자, 떡, 과일, 음료 등에 이르기까지 종류도 다양하다. 우리나라의 전통 디저트부터 프랑스, 이탈리아, 일본 등 나라별로 특색 있는 디저트들을 만나보자.

프랑스식 디저트

마카롱 macaron 부드럽게 녹는 맛과 색색의 고운 빛깔이 매력인 프랑스 과자. 달걀흰자 거품에 아몬드 가루와 슈거파우더를 섞어 만든다. 마카롱 사이에 들어가는 크림에 따라 다양한 맛이 난다. 겉은 바삭하고 속은 부드러운 마카롱은 차와 특히 잘 어울린다.

수플레 souffle 부드럽고 촉촉한 맛이 특징인 디저트. 달걀흰자를 거품 낸 후 크림이나 과일 등의 재료를 섞어 부드럽게 부풀려서 만든다. 구우면서 공기가 들어가 부풀어 오르는 특징이 있다. 함께 넣는 재료에 따라 초콜릿 수플레, 오렌지 수플레, 블루베리 수플레 등 종류가 매우 다양하다.

타르트 tarte 작은 틀 모양의 과자 위에 여러 가지 재료를 예쁘게 올린 타르트는 모양도 예쁘고 한 입에 쏙 먹기도 좋아 디저트로 인기가 많다. 얹는 재료는 생과일, 말린 과일, 견과류 등 다양하다. 타르트 틀을 이용해 속에 담는 재료만 변화시켜도 된다.

크렘 브륄레 crème brûlée 부드러운 커스터드 크림 위에 설탕을 입힌 후 토치로 녹여서 딱딱하게 굳힌 디저트. 영화 〈아멜리에〉에서 아멜리에가 스푼으로 톡톡 깨 먹던 디저트로도 알려져 있다. 딱딱한 설탕 코팅막을 깨면 안에 부드러운 커스터드 크림이 들어 있다.

가토 쇼콜라 gâteau au chocolat 진한 초콜릿 케이크로 머랭을 넣어 폭신폭신하고 부드럽다. 부풀었던 케이크가 가라앉으면서 자연스럽게 윗면이 갈라져 멋스럽다. 만들어 바로 먹는 것도 맛있지만 하루 지나서 먹으면 촉촉해져서 더욱 맛있다. 코코아파우더나 슈거파우더를 뿌려 내기도 한다.

퐁당 쇼콜라 fondant au chocolat　케이크의 겉면은 바삭한데 속에는 묽고 진한 초콜릿이 가득 들어 있다. 케이크를 한 숟가락 뜨면 뜨거운 초콜릿이 주르륵 흐른다. 구워서 뜨거울 때 바로 먹어야 제맛을 느낄 수 있다. 생크림이나 아이스크림을 곁들여도 좋다.

크레이프 crêpe　팬케이크 반죽을 얇게 구운 후 시럽을 바르거나 과일, 채소 등을 넣고 접어서 만든다. 아이스크림을 넣어 만들기도 한다. 다양한 재료가 듬뿍 담겨 있어 가벼운 디저트뿐만 아니라 한 끼 식사로도 충분하다.

다쿠아즈 dacquoise　머랭으로 만들어 부드러운 맛이 특징인 프랑스 전통 과자. 아몬드 가루가 들어가 고소한 향이 난다. 얼핏 과자처럼 보이지만 속은 부드럽고 폭신하다. 생크림이나 버터 크림, 과일을 넣어 만들기도 한다.

바바루아 bavarois　달걀노른자에 생크림과 우유를 섞고 젤라틴을 넣어 얼린 차가운 디저트. 여러 가지 과일을 곱게 간 퓌레와 크림, 생크림, 젤라틴을 기본 재료로 하며, 초콜릿, 바닐라, 커피, 녹차, 브랜디 등 다양한 재료로 갖가지 색과 향을 낸다.

파르페 parfait　아이스크림과 거품을 낸 생크림, 잘게 썬 과일, 초콜릿 크림 등을 층층이 넣어 만든 차가운 디저트. 우유 대신 생크림을 넣어 부드러운 맛이 난다. 바닐라 파르페를 기본으로 해서 과일 퓌레, 초콜릿 등을 넣어 응용해도 좋다.

밀푀유 millefeuille　밀푀유는 '천 겹의 잎사귀'라는 뜻. 나뭇잎이 겹겹이 쌓인 모양의 디저트다. 얇은 파이의 층마다 크림이 들어 있어 바삭하면서도 달콤하다. 파이 사이사이에 커스터드 크림, 생크림, 잼, 과일 퓌레 등의 재료를 펴 바르고 위에 슈거파우더, 코코아파우더, 치즈 가루 등을 뿌려 장식한다.

마들렌 madeleine　커피나 홍차에 곁들이면 좋은 촉촉하고 부드러운 맛의 디저트. 밀가루, 베이킹파우더, 달걀, 버터 등으로 반죽해 조개 모양의 마들렌 틀에 굽는다. 프랑스에서는 대부분 집에서 직접 만든다.

몽블랑 mont-blanc 밤으로 만든 마롱 크림과 머랭, 생크림을 넣어 만든 디저트. 짙은 갈색의 마롱 크림을 국수 가락처럼 가늘게 짜내서 감아 올린 모양이다. 핫 초콜릿을 곁들여 달콤하게 먹기도 한다.

에클레어 éclair 길쭉한 페이스트리에 커스터드나 생크림 등으로 속을 채우고 겉은 초콜릿이나 바닐라, 버터 등을 입힌 디저트. 번개라는 뜻으로 너무 맛있어서 번개가 칠 때처럼 순식간에 먹는다는 뜻에서 붙은 이름이다.

슈 choux 슈는 프랑스어로 양배추라는 뜻이다. 얇게 구운 반죽 안에 크림을 채워 먹는 과자로, 생김새가 양배추를 닮았다고 해서 슈라는 이름이 붙었다.

한식 디저트

떡 대표적인 한식 디저트. 재료와 만드는 방법과 모양에 따라 찰떡, 증편, 절편, 설기, 인절미, 단자, 경단 등 여러 가지로 나뉜다. 요즘은 색이 곱고 모양이 예쁜 떡 케이크가 디저트로 사랑받고 있다.

한과 쌀가루나 밀가루, 견과류 등을 튀겨서 꿀을 입힌 우리나라의 전통 과자. 찹쌀 반죽을 튀겨서 꿀을 바른 뒤 고물을 묻힌 유과와 강정, 밀가루에 꿀과 참기름을 넣고 반죽해 튀긴 약과, 곡물가루를 꿀로 반죽해 틀에 찍어낸 다식, 뿌리채소 등을 익혀서 꿀에 버무린 정과 등이 있다.

식혜 엿기름을 우린 물에 쌀밥을 말아 삭힌 후 설탕을 넣고 끓여서 만든다. 얼음을 동동 띄워 시원하게 마시면 좋다. 달달하면서도 구수하며, 소화가 잘 된다.

수정과 계피와 생강을 함께 달인 후 설탕으로 단맛을 낸 음료. 차게 준비해서 곶감과 잣을 띄워낸다. 생강과 계피의 성분이 몸을 따뜻하게 해서 감기 예방 효과가 있다.

화채 시원한 물에 꿀이나 설탕을 타서 달게 한 후 잘게 썬 과일을 띄워서 만든다. 주로 수박, 귤, 앵두, 배 등의 과일을 이용하며 오미자 물로 만들면 훨씬 더 맛이 좋다. 얼음을 동동 띄워 차게 내면 여름철 음료로 그만이다.

일본식 디저트

당고 찹쌀경단을 나무 꼬치에 3~4개씩 꿰어 간장 소스를 발라 만든다. 짭짤하면서도 달콤한 맛을 내는 소스와 쫄깃한 경단이 잘 어우러진다. 디저트뿐 아니라 간식으로 준비해도 좋다.

양갱 부드럽고 말랑말랑한 디저트. 한천과 설탕, 팥 앙금을 조린 다음 굳혀서 만든다. 수분이 적고 설탕이 많이 들어가 오랫동안 두고 먹을 수 있다. 우유나 커피, 홍차 등을 넣어 만들기도 한다.

만주 밀가루와 쌀가루로 만든 반죽에 팥소를 넣어 찌거나 구운 과자. 팥소 외에 달걀노른자, 밤, 호두, 건포도 등을 넣어 다양하게 만든다.

이탈리아식 디저트

티라미수 tiramisu 부드러운 치즈와 쌉쌀한 커피의 맛이 잘 어울리는 케이크. 이탈리아어로 '기분이 좋아진다'라는 뜻이다. 커피의 카페인 성분으로 인한 흥분작용 때문에 실제로 티라미수를 먹으면 기분이 좋아진다고 한다. 따뜻한 커피를 곁들이면 좋다.

젤라토 gelato 공기를 적게 넣어 쫀득한 맛이 일품인 이탈리아 아이스크림. 지방이 적어 보통 아이스크림보다 열량이 낮다. 과즙에 물과 설탕, 달걀흰자를 섞거나 과즙만 넣어 얼린다.

파나 코타 panna cotta 보들보들한 이탈리아식 푸딩. 우유와 생크림, 젤라틴을 섞어 차게 굳힌다. 과즙이나 과일 퓌레를 넣기도 한다. 캐러멜, 초콜릿 등 여러 가지 소스를 뿌리면 다양한 맛을 즐길 수 있다.

디저트와 어울리는 음료 & 와인

식사 후 입가심으로, 출출한 오후 간식으로, 가벼운 식사대용으로 즐기는 디저트.
커피나 홍차와 함께라면 디저트의 맛이 더욱 살아난다. 달콤한 디저트에는 약간 쌉쌀하거나
떫은맛의 차를, 담백한 디저트에는 부드러운 맛의 차를 곁들이면 좋다.

그윽한 향기가 매력적인 원두커피

| 원두의 종류 |

케냐 AA 케냐에서 생산된 커피 중 최고 등급이다. 그윽한 과일 향이 나고 다른 커피에 비해 신맛
이 많이 나는 것이 특징이다. 우리나라 커피 애호가들이 좋아하는 드립 커피 중 하나다. 약간 단맛
이 나는 디저트와 함께 먹으면 더 맛있다.
어울리는 디저트 _ 마카롱, 베리 타르트, 티라미수, 건포도 스콘, 과일

콜롬비아 수프레모 supremo 안데스산맥의 고산지대에서 재배되는 콜롬비아 커피 중 최고 등급.
향이 부드럽고, 단맛과 신맛, 쓴맛이 적절하게 조화를 이룬다. 가장 대중적인 드립 커피로 알려져
있다.
어울리는 디저트 _ 푸딩, 견과류가 들어간 담백한 맛의 디저트, 시폰 케이크, 밀크 초콜릿

인도네시아 만델링 mandheling 쓴맛과 단맛이 조화를 이뤄 묵직한 느낌이 나는 커피. 마신 후
에도 입안에 깊은 단맛이 남는다. 신맛은 적고 끝맛은 달콤한 것이 특징이다. 남성들이 선호하는
커피로 알려져 있다.
어울리는 디저트 _ 초콜릿 퐁뒤, 치즈케이크, 시나몬 롤

에티오피아 예가체프 yirgacheffe 달콤하면서도 잘 익은 과일의 상쾌한 신맛이 느껴지는 커피.
깔끔하면서 부드러운 맛이 뛰어나다. 핸드드립으로 추출할 경우 군고구마 향이 나면서 새콤한 레
몬 맛이 난다.
어울리는 디저트 _ 레몬이 들어간 디저트, 다크 초콜릿

| 커피의 종류 |

에스프레소 espresso 원두를 갈아 높은 압력으로 30초 안팎의 짧은 시간에 추출해 진한 맛이 일품이다. 커피를 뽑는 시간이 짧기 때문에 카페인의 양이 적다. 쓴맛이 강해서 초콜릿이나 초콜릿 케이크 등 달콤한 디저트가 잘 어울린다.
어울리는 디저트 _ 생 초콜릿, 초콜릿 케이크, 퐁당 오 쇼콜라, 가토쇼콜라

카페 라테 cafe latte 에스프레소에 데운 우유를 넣어 만든 커피. 보통 시럽을 넣어 달게 마시므로 단맛이 너무 강하지 않은 디저트와 함께 먹는 것이 좋다.
어울리는 디저트 _ 베이글, 스콘, 와플

카푸치노 cappuccino 에스프레소에 우유와 우유거품을 넣어 만든다. 우유의 양이 카페 라테보다 적어 쓴맛이 더 많이 난다. 단맛이 강한 디저트와 함께 먹으면 좋다.
어울리는 디저트 _ 당근 케이크, 초콜릿 케이크, 초콜릿 타르트

커피를 맛있게 만들려면…

신선하고 맛있는 커피를 뽑으려면 3·3·3 법칙을 기억하면 된다. 원두를 볶아 3일간 숙성시킨 후 갈아서 3분 이내에 커피를 뽑아 3분 안에 마신다.

- 최소한 볶은 지 일주일이 넘지 않은 신선한 원두를 사용한다.
- 되도록 추출하기 직전에 원두를 간다. 갈아 놓은 원두는 공기가 들어가지 않도록 밀폐 용기에 담아둔다.
- 신선하고 차가운 물을 준비한다. 한 번 끓였던 물은 절대 사용하지 않는다.
- 커피를 따르기 전에 컵을 따뜻하게 데워둔다. 커피를 낼 때의 온도는 82~85℃가 적당하다.
- 한 번 뽑은 커피는 다시 데우지 않는다. 다시 끓이면 커피 고유의 맛과 향을 태워버릴 수 있다. 보온병에 담아두면 45분 정도 맛을 유지할 수 있다.

나른한 오후의 따뜻한 설렘, 홍차

다즐링 darjeeling 세계 3대 홍차 중의 하나. 새콤달콤한 향을 갖고 있으며 혀끝에 떫은맛이 남는다. 특유의 미스커드 향을 제대로 즐기려면 단맛이 나는 케이크와 함께 먹는 것이 좋다.
어울리는 디저트 _ 케이크, 애플 파이

아쌈 assam 히말라야 남부에서 아쌈 고원에 이르는 세계 최대의 차 산지에서 재배되는 차. 짙은 붉은색을 띠며 진하고 떫은맛이 특징이다. 우유와 섞으면 크림브라운 색이 나와 밀크티에 가장 잘 어울린다.
어울리는 디저트 _ 슈

실론 ceylon 스리랑카의 실론 섬에서 재배되는 품종으로 차의 색깔이 황금빛이 난다고 해 홍차의 황금이라고도 불린다. 강한 향과 감칠맛이 케이크의 단맛과 크림의 유분을 씻어 내는 장점이 있다.
어울리는 디저트 _ 시폰 케이크

우바 uva 은은한 장미향에 밝은 오렌지 빛을 띠는 우바는 녹차와 같은 떫은맛이 특징이다. 맛 자체에는 특별한 개성이 없지만 케이크나 쿠키의 맛을 그대로 느끼게 한다.
어울리는 디저트 _ 마들렌

얼그레이 earl grey 떫지는 않지만 음식의 맛을 변화시킬 정도로 강한 베가모트 계열의 향을 가지고 있다. 홍차의 한 종류가 아니라 여러 가지 차를 섞은 것으로 중국차를 베이스로 베가모트 향을 첨가해 만든다.
어울리는 디저트 _ 스콘, 치즈 퐁뒤

홍차를 맛있게 우리려면…

- **홍차의 품질 |** 질 좋고 신선한 홍차 잎을 구입한다. 홍차를 사기 전에 유통기한을 확인해보자.
- **티 포트와 컵 |** 홍차 잎은 90℃ 이상의 온도에서 맛이 잘 우러난다. 예열되지 않은 티 포트와 컵을 쓰면 물이 금방 식어 맛을 느낄 수 없으니 따뜻하게 데워서 사용한다.
- **홍차의 분량 |** 홍차의 분량은 등급, 제조업체, 브랜드마다 차이가 있으니 구입할 때 확인한다.
- **물 |** 정수기 물을 충분히 끓여야 홍차의 맛과 빛깔이 좋다. 수돗물은 미네랄이 섞여 있어 홍차가 잘 우러나지 않는다.

소화를 돕고 분위기는 더하는 와인

뮈스카데 카를로 앤 실비아 Muscadet Carlo & Sylvia 세미 스파클링 와인. 기포가 자극적이지 않아 샴페인을 즐기지 않는 사람들도 좋아한다. 식전주로도 좋고 식후 디저트 와인으로도 많이 이용된다. 가벼운 파티에 준비하면 센스가 돋보인다.

어울리는 디저트 _ 과일, 케이크

빌라 M 로소 Villa M Rosso 붉은빛을 띠는 달콤한 세미 스파클링 와인. 달콤한 맛과 신선한 감촉으로 여성들이 특히 좋아한다. 6~8℃ 정도로 시원하게 즐기면 좋다. 독특한 라벨과 심플한 병 모양 때문에 젊은 층에게 특히 인기다.

어울리는 디저트 _ 달콤한 디저트

게부르츠 트라미너 베블렌하임 Gewurz traminer Beblenheim 균형감 있는 맛이 매력인 독일 와인. 진한 황금색을 띠며 풍부한 살구 향, 열대과일의 달콤한 향이 짙게 풍겨 나온다. 산도와 당도가 밸런스를 이뤄 부담 없이 마시기 좋다.

어울리는 디저트 _ 달콤한 디저트, 순하고 부드러운 치즈

리슬링 아우스레제 Riesling Auslese 달콤함의 등급을 의미하는 아우스레제는 여성들이 특히 좋아한다. 리슬링은 디저트 와인으로 주로 쓰이는 품종이며 식전, 식후에 다 어울린다. 꿀과 딸기의 진한 향이 느껴지며 맛이 부드럽고 달콤하다.

어울리는 디저트 _ 달콤한 디저트

에로이카 리슬링 Eroica Riesling 대표적인 미국 디저트 와인. 중량감은 가벼운 편이며 약간의 감미와 산도가 적당하게 어우러져 디저트용으로 좋다. 올리브빛이 도는 연한 브라운색에 과일과 꽃 향기가 어우러져 기분 좋게 식사를 마무리할 수 있다.

어울리는 디저트 _ 달콤한 케이크, 치즈

아랄디카 브라케토 다퀴 Araldica Brachetto d'Aqui 과일 향과 꽃향기가 진한 붉은색의 이탈리아 와인. 도수가 낮아 마시기 부담스럽지 않다. 달콤한 맛이 강해 와인의 깊은 맛을 느끼기는 어렵다. 초콜릿과 페이스트리에 잘 어울린다.

어울리는 디저트 _ 초콜릿, 과일, 생크림케이크

Dessert Cafe

디저트 카페

식후의 즐거움은 누가 뭐래도 차 한잔을 곁들인 달콤한 디저트다. 달콤한 케이크와 타르트, 와플, 팥빙수와 떡은 단순한 식사의 마무리가 아니라 눈과 입을 즐겁게 해주고 잊지 못할 추억을 만들어주는 지친 하루의 쉼표다.

오시정

5
CIJUNG CAFE

Menu

치즈 수플레 10,000
홍시 요거트 9,000
쇼콜라 퐁당 8,300
스콘 1,800
수삼 우유 10,000

레몬 무 홍시 스무디 9,000
양상추 딸기 스무디 9,000
블루베리 에이드 8,500
시금치 우유 6,500
아메리카노 5,500

탁 트인 전망의 복합 문화공간

'다섯 편의 시를 쓰는 마음'이라는 뜻의 오시정. 이름처럼 차분한 감성을 담은 갤러리 카페로 그림을 감상하면서 홈메이드 디저트를 맛볼 수 있는 복합 문화공간이다. 시중에서 판매되는 커피나 밀가루보다 본연의 맛을 살린 유기농 과일을 주재료로 사용하기에 처음 접하는 사람은 메뉴가 낯설 수도 있다. 하지만 오시정을 찾는 손님들은 과일로 만든 건강 음료들을 더 선호한다.

오시정은 하얀색의 외관과 간판이 눈에 띈다. 로고가 새겨진 네모난 간판 밑의 기둥에는 메뉴가 적혀 있는 표지판을 붙여 독특함과 신선한 느낌을 자아낸다. 실내에 들어서면 창 너머로 삼청동의 아름다운 풍경이 한눈에 들어온다. 해가 뜨는 날이면 원목가구와 카페를 가득 채운 따사로운 햇볕이 어우러져 밝고 따뜻하다. 카페 한쪽에는 아기자기한 소품과 인형들을 전시해서 귀여운 분위기를 자아낸다.

벽에 걸린 그림과 곳곳에 놓여 있는 장식물을 구경하는 재미도 쏠쏠하다. 디저트가 나올 때는 쟁반 위에 작은 인형이나 깜찍한 표정이 그려진 스푼을 내놓아서 사람들을 웃음 짓게 한다.

편안하게 디저트를 즐길 수 있는 별실도 따로 마련되어 있다. 별실은 인테리어의 하나로 세면대와 타일 위에 여러 가지 인형과 소품을 놓아두어 사랑스러운 공간으로 연출했다. 조리 과정을 모두 지켜볼 수 있는 개방형 주방은 음식에 대한 신뢰감을 준다.

Information

문의 02-730-2008 / www.5cijung.com
주소 서울시 종로구 팔판동 57
찾아가는 길 지하철 3호선 안국역 1번 출구에서 풍문여고 따라서 700m
영업시간 am 11:30~pm 11:00 / 연중 무휴

갓 구운 수플레와 홍시 요거트가 인기

오시정에서는 유기농 재료로 만든 디저트와 음료가 알차고 다양하게 구성되어 있다.

오시정의 대표 메뉴 치즈 수플레는 달걀흰자를 거품내서 크게 부풀려 만든 프랑스 전통 디저트다. 주문을 받은 후에 만들기 때문에 20~30분 정도 기다려야 하지만 신선하고 부드러운 맛은 기다림을 후회하지 않게 한다.

또 다른 인기 메뉴인 홍시 요거트도 입안에서 사르르 녹는다. 유기농으로 재배한 홍시의 은은한 단맛과 플레인 요거트의 부드러움이 잘 어울린다. 슈거파우더로 앙증맞은 무늬를 낸 쇼콜라 퐁당도 추천 메뉴다. 시트 안에 달콤한 초콜릿이 가득한 쇼콜라 퐁당은 부드러운 바닐라 아이스크림과 상큼한 과일, 커피와 함께 먹으면 그만이다.

과음한 다음 날 마시면 좋을 레몬 무 홍시 스무디 등 웰빙 디저트도 빼놓을 수 없다. 천연 피로회복제 수삼 우유와 뽀빠이도 반할 맛의 시금치 우유 역시 오시정에서 꼭 맛봐야 할 메뉴다. 오시정을 검색하면 스콘이 자동완성에 뜰 만큼 홈메이드 스콘도 유명하다. 어떤 음료든 주문하면 그 날 구운 바삭한 스콘을 제공한다.

Check Point

- 치즈 수플레를 제외한 메뉴를 테이크아웃할 경우 1,000원 할인을 받을 수 있다.
- 치즈 수플레는 오후 12시에서 9시 사이에 주문이 가능하다.

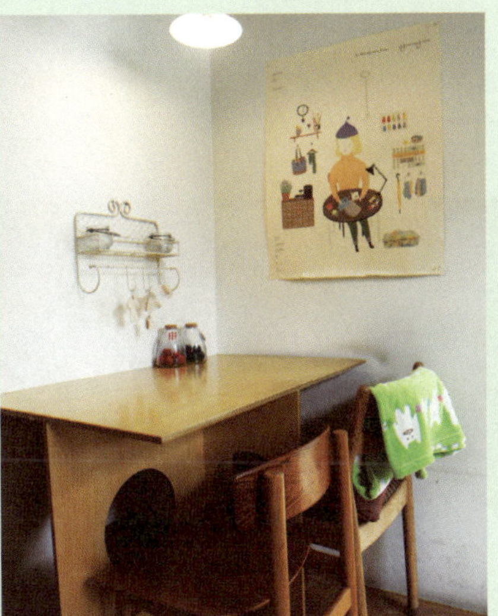
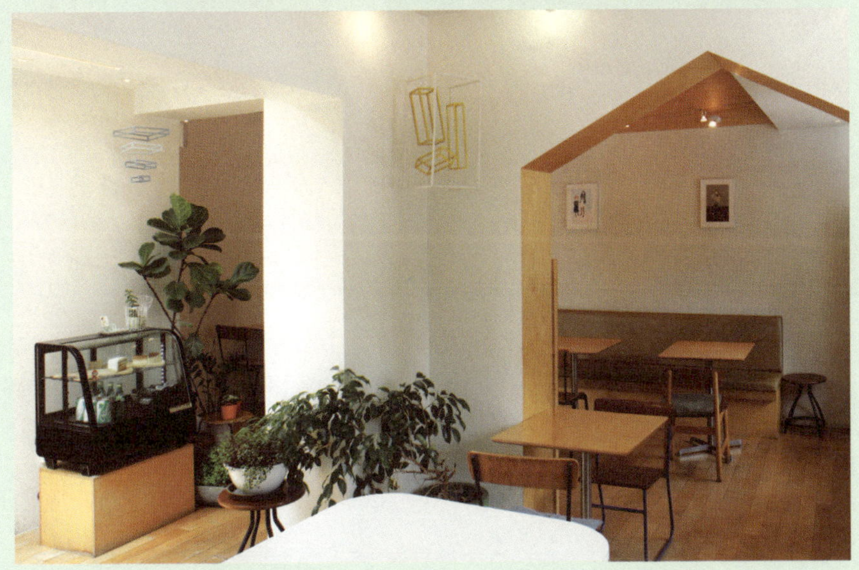

홍시 요거트

겨울철에 꽁꽁 얼려 먹으면 맛있는 홍시. 홍시를 요거트와 섞어 먹어도 그만이다. 홍시 요거트를
살짝 녹이면 떠먹기도 좋고 소화도 잘 돼 어른 아이 할 것 없이 누구나 맛있게 즐긴다.

재료 | 1인분

홍시 2~3개, 플레인 요거트 100g

1 홍시 과육 준비하기 잘 익은 홍시의 껍질과 씨를 모두 제거하고 과육만 준비한다.

2 홍시·플레인 요거트 섞기 홍시와 플레인 요거트를 섞어 믹서에 간다.

3 얼리기 평평한 그릇에 담아 냉동실에 2시간 정도 얼린다.

4 포크로 섞기 홍시 요거트를 1~2시간마다 한 번씩 냉동실에서 꺼내 포크로 섞어 부드럽게 만든다.

5 그릇에 담기 셔벗 상태가 된 홍시 요거트를 오목한 그릇에 담아낸다.

Tip • 홍시 요거트를 집에서 즐길 때는…

홍시와 플레인 요거트를 따로 담아 원하는 만큼 섞어도 좋다.

쇼콜라 퐁당

뜨거운 초코 케이크 시트 안에 달콤한 초콜릿 크림이 가득 들어 있는 쇼콜라 퐁당. 주문 즉시 구워주기 때문에 더욱 맛있다. 같이 곁들여 나오는 과일, 바닐라 아이스크림과 먹으면 색다른 맛을 즐길 수 있다.

재료 | 5개(지름 7cm분)

시트 달걀 4개, 달걀노른자 5개 분량, 황설탕 135g, 설탕 75g, 다크 초콜릿 200g, 버터 150g, 옥수수 전분 30g, 소금 조금
곁들이 아이스크림 5스쿠프, 키위, 딸기
장식 슈거파우더 적당량

1 **초콜릿·버터 중탕하기** 다크 초콜릿과 버터를 중탕해서 녹인다.

2 **달걀 거품 내기** 달걀에 설탕을 조금씩 넣어가며 충분히 거품을 낸다.

3 **재료 넣기** ②에 달걀노른자, 황설탕, 소금, 옥수수 전분을 넣고 잘 섞는다.

4 **반죽 준비하기** ①과 ③을 섞어서 체로 거른다.

5 **오븐에 굽기** 베이킹 컵에 반죽을 60% 정도 붓고 185℃로 예열한 오븐에서 13분간 굽는다.

6 **접시에 담기** 접시에 쇼콜라 퐁당을 담고 슈거파우더를 뿌린다. 한쪽에는 아이스크림과 잘게 썬 과일을 올린다.

Tip • 초콜릿 중탕하기

초콜릿은 직접 불에 닿으면 타기 쉬우니 중탕으로 녹여야 한다. 그릇에 초콜릿을 담아 끓는 물에 담그면 부드럽게 녹는다. 초콜릿을 담는 그릇은 물을 담은 냄비보다 높은 것으로 사용해 물이 들어가지 않게 하는 것이 좋다.

치즈 수플레

달걀흰자를 거품 내서 부풀려 만든 프랑스 전통 디저트. 치즈 수플레에 동그랗게 구멍을 낸 다음
아이스크림을 넣어 섞으면 부드럽고 달콤한 맛을 느낄 수 있다.

재료 | 1인분

시트 달걀노른자 1개 분량, 달걀흰자 4개 분량, 박력분 2큰술, 설탕 70g, 크림치즈 10g, 우유 200mL, 바닐라 빈 1개,
　　　파르메산 치즈 가루 적당량, 버터 조금, 소금 조금
곁들이 아이스크림 1스쿠프

1 재료 끓이기 우유에 달걀노른자, 박력분, 바닐라 빈, 설탕 50g, 소금을 섞어서 끓인다. 우유를 2분 정도 끓이다 걸쭉해지면 불을 끄고 식힌다.

2 머랭 만들기 달걀흰자에 남은 설탕을 나눠 넣어가며 거품기로 단단한 거품을 낸다.

* 설탕을 한꺼번에 넣으면 거품이 꺼질 수 있으니 꼭 나눠서 넣으세요.

3 머랭 섞기 완성된 머랭을 ①에 섞는다. 이때 머랭 거품이 꺼지지 않도록 고무주걱으로 반죽을 칼로 자르듯이 섞는다.

* 핸드믹서는 머랭의 거품을 꺼지게 하기 때문에 꼭 고무주걱으로 섞으세요.

4 크림치즈·치즈 가루 섞기 크림치즈에 파르메산 치즈 가루를 섞어 ③에 넣고 빠르게 섞는다.

5 오븐에 굽기 버터와 설탕을 발라둔 수플레 그릇에 ④를 붓고 185℃로 예열한 오븐에서 20분간 굽는다.

6 치즈 가루 뿌리기 구운 수플레 위에 파르메산 치즈 가루를 뿌리고 아이스크림과 함께 낸다.

Tip • 파르메산 치즈란…

수분이 매우 적은 치즈로, 원산지인 이탈리아 북부 파르마(Parma)의 명칭을 따서 이름을 지었다. 경도가 매우 단단해서 보통은 가루로 만들어 사용한다. 향기가 짙고 보존성이 높다는 특징이 있으며 스파게티나 마카로니 요리에 사용하거나 피자에 뿌린다.

당고집

Menu

간장 당고 1,500
녹차·딸기·팥 당고 1,500
당고세트 5,500
단팥 라테 4,500

당고 팥빙수 8,000
쇠고기 오니기리 2,700
오차즈케 6,000

투박하지만 아늑한 일본풍의 아지트

북적거리는 홍대 앞 카페거리를 벗어나 한산한 주택가에 숨어 있는 당고집. 이곳은 가게를 알리는 커다란 간판이 없어 밖에서 보기에는 카페라기보다 작업실이나 공방 같다.

당고는 동그란 찹쌀떡을 꼬치에 꿰어 소스를 얹어 먹는 일본의 전통 디저트다. 디자이너 출신의 주인이 일본을 오가며 틈틈이 사 먹던 당고의 맛을 잊지 못해 직접 당고를 만들게 되었다고 한다.

실내는 주인이 직접 만들고 다듬은 일본 빈티지풍의 원목 가구로 꾸며져 있다. 갖가지 장식과 소품으로 화려하게 멋을 낸 다른 카페에 비해 밋밋하고 단순한 인테리어지만 오히려 더 매력적으로 느껴진다. 바닥에는 나무를 깔아 아늑하고 포근하며, 나뭇결이 살아 있는 테이블과 의자는 투박하지만 멋스럽다. 테이블에는 가방걸이를 달아 가방이나 옷을 걸어 둘 수 있도록 신경 썼다.

당고집은 편하게 이야기를 나눌 수 있는 분위기라서 일본 문화를 좋아하는 젊은 여성이나 학생, 직장인, 인디밴드 멤버들 사이에서 인기 있는 장소로 손꼽힌다. 메뉴가 실속 있고 가격이 부담스럽지 않아 단골손님이 많다.

Information

문의 070-7573-3164 / www.blog.naver.com/soffici
주소 서울시 마포구 합정동 356-9
찾아가는 길 지하철 6호선 상수역 4번 출구에서 합정역 방향으로 500m
영업시간 am 12:00~pm 10:00 / 월요일 휴무

쫀득한 당고를 다양한 소스와 함께 즐기다

당고의 쫀득한 경단과 진한 소스는 주인과 그의 어머니가 직접 만든다. 경단은 보통 찹쌀가루와 멥쌀가루를 넣어 만드는데, 당고집의 경단은 여기에 연두부를 넣어 쫀득하면서도 부드럽다. 쌀은 방앗간을 운영했던 어머니가 직접 빻아서 반죽하고, 소스 재료 역시 국내산만 쓴다.

인기 메뉴는 네 가지 종류의 당고를 함께 즐길 수 있는 당고 세트다. 간장 소스를 찍어 먹는 간장 당고와 녹차 당고, 단팥 당고, 딸기 당고로 이루어져 있다. 봄에는 당고 위에 벚꽃을 얹은 벚꽃 당고를 제공한다. 직접 만든 단팥에 따뜻한 우유를 넣어 만든 단팥 라테, 쫄깃한 당고와 고소한 미숫가루를 듬뿍 얹은 당고 팥빙수도 인기다.

당고집의 일본식 식사 메뉴인 명란버터밥과 오차즈케도 사람들이 많이 찾는다. 짜지 않고 담백한 오니기리는 큼직하고 소가 꽉 차 있어 하나만 먹어도 속이 든든하다.

Check Point

- 당고는 매일 새벽에 재료를 준비해 그날에만 판매하기 때문에 늦게 가면 품절될 수 있다.
- 포장 예약은 10개 이상 주문할 경우에만 가능하다.
- 주말과 공휴일에는 오니기리를 만들지 않는다.

당고

동그란 모양이 앙증맞은 일본식 경단, 당고. 보통 찹쌀가루만 넣고 만들지만 멥쌀가루를 넣으면
더 쫄깃해진다. 짭짤한 소스, 달콤한 소스 등 다양한 소스를 얹어 먹는다.

재료 | 꼬치 4개

경단 찹쌀가루 60g, 멥쌀가루 40g, 연두부 1/2모, 뜨거운 물 3큰술, 소금 조금
간장 소스 간장 2큰술, 설탕 4½큰술, 물엿 3큰술, 맛술 1큰술, 물 1/2컵, 녹말물 1큰술(녹말가루:물=1:1)
단팥 소스 팥 50g, 설탕 15g, 물 70mL
딸기팥 소스 · 녹차팥 소스 거피팥(불리기 전) 2컵, 백앙금 200g, 딸기가루 · 말차가루 3g씩, 꿀 3큰술, 소금 1작은술

경단 만들기

경단 만들기

1 **익반죽하기** 찹쌀가루와 멥쌀가루, 연두부, 소금을 섞어 뜨거운 물을 조금씩 부어가면서 익반죽한 다음 세 차례 정도 치댄다.

2 **동그랗게 빚기** ①을 길쭉하게 민 뒤 균등하게 썰어 빚는다.

3 **경단 삶기** 끓는 물에 경단을 삶는다. 경단이 떠오르면 건져서 차가운 물에 담가 식힌 뒤 냉동실에 넣어 열기를 뺀다.

* 빨리 식힐수록 경단의 찰기가 오래 가요.

간장 소스 만들기

재료 섞어 끓이기 물, 간장, 맛술, 설탕, 물엿을 함께 끓이다가 녹말물을 넣는다.

단팥 소스 만들기

단팥 소스 만들기

1 **팥 불리기** 팥을 하루 정도 충분히 불린다.

2 **팥 삶기** 불린 팥에 물을 부어 삶는다.

3 **설탕 넣어 끓이기** 팥이 익으면 설탕을 넣고 저어가며 끓인다. 이때 팥알이 너무 뭉개지지 않도록 주의한다.

딸기팥 · 녹차팥 소스 만들기

마무리하기

1 **거피팥 불리기** 거피팥을 물에 씻어 2시간 이상 충분히 불린다.

2 **물로 헹구기** 불린 거피팥을 물로 여러 번 헹군다.

3 **찌기** 찜기에 면 보자기를 깔고 거피팥을 담아 30~40분 정도 찐다.

* 찜기가 없다면 전기밥솥의 찜 기능을 이용해도 좋아요.

4 **소금 넣고 빻기** 부드럽게 찐 거피팥에 소금을 넣은 다음 절구로 빻는다.

5 **백앙금·꿀 넣기** 거피가루를 체에 걸러 곱게 만든 다음 2등분해 딸기 가루와 말차가루를 넣는다. 각각 백앙금과 꿀을 넣고 골고루 섞는다.

마무리하기

경단 꿰어 소스 얹기 경단을 4개씩 꼬치에 꿴 뒤 소스를 얹는다.

당고 팥빙수

팥빙수에 당고를 얹어 먹는 당고 팥빙수. 차가운 팥빙수로 속이 얼얼할 때 당고로
속을 달래면 좋다. 당고와 팥빙수를 모두 맛보고 싶은 사람들에게 알맞은 메뉴.

재료 | 1인분

얼음 6개, 단팥 5큰술, 우유 200mL, 미숫가루 2큰술,
콩가루 1작은술, 메이플 시럽 조금

경단 찹쌀가루 60g, 멥쌀가루 40g, 연두부 1/2모,
　　　뜨거운 물 3큰술, 소금 조금, 단팥 소스 적당량

　* 경단 만들기는 33페이지를 참고하세요.

4

1　얼음 갈기　얼음을 빙삭기로 간다.

2　우유 붓기　①에 우유를 붓는다.

3　단팥 얹기　②에 단팥을 얹는다.

　* 팥빙수용 통조림 팥을 이용해도 돼요.

4　미숫가루·콩가루·당고 얹기　미숫가루와 콩가루를 얹고 당고를 올린다.

　* 메이플 시럽을 살짝 끼얹어도 좋아요.

Tip • 경단 반죽 활용하기

경단을 만들고 남은 반죽은 냉동해두면 다양한 요리에 이용할 수 있다.
팥죽이나 호박죽에 새알심으로 써도 좋고, 오미자 화채에 떡 대신 넣어도 좋다.

단팥 라테

달콤한 단팥 소스와 따뜻한 우유를 섞어 만든 이색 음료. 입맛 없는 아침에 한 잔 마시면
속이 든든하다. 단팥 대신 고구마, 단호박 등을 이용해도 좋다.

재료 | 1인분

우유 100mL
단팥 소스 팥 50g, 설탕 15g, 물 70mL

1 **단팥 소스 만들기** 팥을 하루 정도 충분히 불려 물을 부어 삶다가 팥이 익으면 설탕을 넣고 팥알이 뭉개지
지 않도록 저어가며 끓인다.

2 **단팥 소스 담기** 컵에 단팥 소스를 담는다.

3 **우유 데우기** 냄비에 우유를 담아 약한 불에서 데운다.

4 **우유 붓기** 끓인 우유를 ②에 붓는다.

Tip • 고구마 라테 만들기

찐 고구마를 체에 내려 우유와 함께 데우면 고소하면서 부드러운 고구마 라테를 만들 수 있
다. 고구마에 우유와 꿀을 함께 넣고 갈아도 좋다.

카페소스

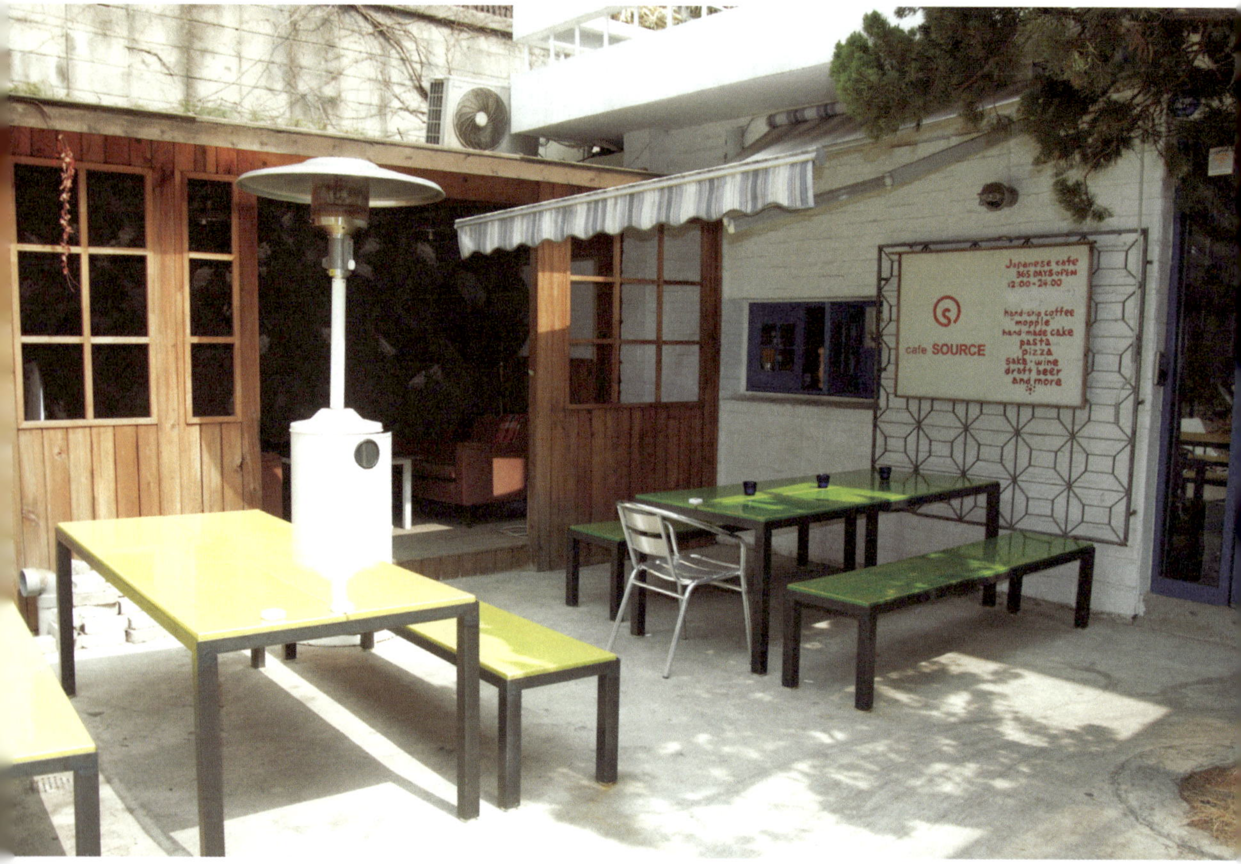

Menu

베리 & 레어치즈 모플 9,000	모플 세트 11,000
바나나 & 초코 무스 모플 9,000	말차 팬케이크 13,000
소금 캐러멜 모플 9,000	리코타 치즈 수플레 팬케이크 12,000
말차 & 팥 모플 9,000	말차 팥 셰이크 7,000
망고 모플 9,000	커피 셰이크 7,000

가정집을 개조한 따뜻한 분위기

홍대 정문 건너편 골목에 색다른 카페가 있다. 바로 일본 돗토리현에 본점을 두고 있는 카페소스 2호점이다. 주인과 셰프, 바리스타 모두 일본인이라 일본인 특유의 친절함이 묻어나는 이곳은 주인이 여러 번의 시도 끝에 개발한 '모플'이라는 메뉴로 유명하다.

가정집을 개조해 만든 카페소스는 편안함과 아늑함을 느끼게 한다. 주인 야마네 타이키 씨는 "어린 시절부터 사람들을 행복하게 하는 카페를 만들고 싶은 꿈을 키웠고, 마음이 따뜻해지는 분위기를 만들기 위해 인테리어에 신경을 썼다"고 한다.

하얀색 벽에 파란색 프레임의 창문, 오렌지색의 로고가 어우러진 외관은 산뜻한 느낌을 준다. 1층은 파란색 벽에 바닥과 천장의 콘크리트를 그대로 노출시키고 원목 가구를 배치해 빈티지풍으로 꾸몄다. 2층은 하얀 벽 곳곳에 파란색으로 포인트를 주어 깔끔하게 연출했다. 공간이 나뉘어 있는 구조지만 통창으로 따사로운 햇살이 들어와 밝고 화사하다. 테라스에도 여러 개의 테이블을 마련해 탁 트인 공간에서 음식을 맛볼 수 있다.

입구에 들어서면 선반 위에 놓인 티 포트와 찻잔, 유리볼 등이 사람들을 맞이한다. 1, 2층 벽에는 칠판을 걸고, 색색의 분필로 메뉴를 적어 발랄함을 더했다. 바깥에도 칠판을 연상시키는 초록색 메뉴판을 두어 지나가는 사람들이 자유롭게 메뉴를 볼 수 있다.

Information

문의 02-322-2176 / www.cafe-source.com
주소 서울시 마포구 서교동 343-10
찾아가는 길 지하철 2호선 홍대입구역 8번 출구에서 홍익대학교 방향으로 800m
영업시간 토요일~목요일 pm 12:00~10:00 / 금요일 pm 12:00~11:00 / 연중 무휴

폭신하면서 쫀득한 맛이 일품인 모플

　모찌와 와플의 합성어인 모플은 카페소스가 개발한 새로운 디저트다. 폭신하면서도 쫀득해 일반 와플과는 씹는 맛부터 다르다. 모플은 베리 & 레어치즈 모플과 바나나 & 초코 무스 모플, 소금 캐러멜 모플, 말차 & 팥 모플, 망고 모플 등 모두 5가지다. 그중 인기 있는 베리 & 레어치즈 모플은 갓 구운 모플에 차가운 아이스크림과 쿠키가 섞인 레어치즈를 올리고 새콤한 베리 소스를 듬뿍 뿌렸다. 베리 소스의 상큼함과 레어치즈의 부드러운 맛이 환상의 콤비를 이룬다.

　바나나 & 초코 무스 모플은 또 다른 인기 메뉴로 역시 따뜻한 모플 위에 아이스크림과 바나나, 달콤한 초코 무스를 올리고 조각 파이와 호두로 장식을 한 디저트다. 상큼한 베리 & 레어치즈 모플과 달리 진한 달콤함이 입맛을 다시게 한다. 수제 리코타 치즈와 머랭을 섞어 도톰하게 구워낸 리코타 치즈 수플레 팬케이크도 일품이다. 메이플 시럽과 직접 만든 허니버터를 곁들이면 브런치 메뉴로도 손색이 없다.

　다른 디저트 메뉴로는 수제 커피 젤리와 커피 아이스크림으로 만든 커피 셰이크, 말차로 만든 말차 팥 셰이크, 말차 팬케이크가 있다. 일본에서 들여온 말차가루를 써서 색이 깨끗하고 쓴맛이 적으며 감칠맛이 난다. 식사 메뉴로는 스테이크 돈부리, 파스타 등이 있고 간단한 술과 칵테일도 판매한다.

Check Point

- 모플은 금방 구워 따뜻할 때 바로 먹어야 하므로 테이크아웃이 안 된다.
- 모플은 만드는 데 15~20분 정도 걸린다.

베리 & 레어치즈 모플

겉은 바삭하지만 속은 쫀득한 맛이 일품인 모플에 새콤한 블루베리 소스를 곁들인
아이스크림을 얹었다. 입맛에 따라 치즈, 과일을 곁들이기도 한다.

재료 | 4~5개

모플 찹쌀가루 150g, 설탕 50g, 우유 250mL, 베이킹파우더 · 소금 1/2작은술씩, 식용유 조금
레어치즈 크림치즈 50g, 생크림 50mL, 부순 쿠키 2큰술
블루베리 소스 냉동 블루베리 50g, 설탕 25g, 쿠앵트로 1큰술
장식 아이스크림 4스쿠프, 과자 4개, 슈거파우더 적당량

1 **가루 재료·우유 섞기** 볼에 체에 내린 찹쌀가루와 설탕, 베이킹파우더, 소금, 우유를 넣고 거품기로 섞는다.

2 **와플 팬 달구기** 와플 팬을 뜨겁게 달군 후 기름을 바르고 종이타월로 살짝 닦아낸다.

3 **반죽 굽기** 반죽을 국자로 떠서 팬에 넣고 약한 불에서 4분간 구운 다음 뒤집어 3분 정도 굽는다.
  * 굽는 동안 팬을 열면 반죽이 잘 구워지지도 않고 지저분해져요.

4 **와플 식히기** 구운 와플은 식힘망에 올려 식힌다.
  *구운 와플을 바로 접시에 담으면 열기 때문에 수분이 생겨서 눅눅해져요.

5 **레어치즈 만들기** 실온에 두어 말랑말랑해진 크림치즈와 생크림을 섞은 뒤 쿠키를 부숴 넣어 레어치즈를 만든다.

6 **블루베리 소스 만들기** 냄비에 블루베리와 설탕, 쿠앵트로를 함께 넣고 걸쭉해질 때까지 조린다.

7 **접시에 담기** 접시에 블루베리 소스를 원을 그리듯이 뿌리고 모플을 놓는다.

8 **장식하기** 모플 위에 아이스크림과 레어치즈를 올리고 블루베리 소스를 뿌린다. 과자로 장식하고 슈거파우더를 솔솔 뿌린다.

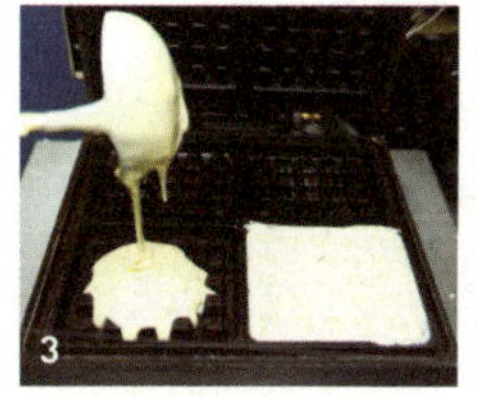

Tip • 쿠앵트로란…

쿠앵트로는 오렌지 껍질로 만든 무색의 프랑스산 리큐르다. 오렌지 술이라고도 하는데, 단맛이 강하고 맛과 향이 부드러워 케이크나 초콜릿을 만들 때 많이 쓰인다.

바나나 & 초코 무스 모플

따뜻한 모플에 달콤한 초코 무스, 초콜릿 소스와 차가운 아이스크림을 얹고
고소한 호두를 솔솔 뿌린 메뉴. 상큼한 맛보다 진한 초콜릿 맛을 좋아하는 사람에게 알맞다.

재료 | 4~5개

모플 찹쌀가루 150g, 설탕 50g, 우유 250mL, 베이킹파우더 · 소금 1/2작은술씩, 식용유 조금
초코 무스 휘핑크림 120g, 초콜릿 100g
장식 바닐라 아이스크림 4스쿠프, 바나나 2개, 과자 4개, 초코 시럽 적당량, 호두 적당량, 코코아파우더 적당량, 슈거파우더 적당량

1 가루 재료·우유 섞기 볼에 체에 내린 찹쌀가루와 설탕, 베이킹파우더, 소금, 우유를 넣고 거품기로 섞는다.

2 와플 팬 달구기 와플 팬을 뜨겁게 달군 후 기름을 바르고 종이타월로 살짝 닦아낸다.

3 반죽 굽기 반죽을 국자로 떠서 팬에 넣고 약한 불에서 4분간 구운 다음 뒤집어 3분 정도 굽는다.

4 와플 식히기 구운 와플은 식힘망에 올려 식힌다.

5 초코 무스 만들기 따뜻하게 데운 휘핑크림을 초콜릿에 붓고 잘 섞은 뒤 냉장고에 넣어 차게 식힌다.

6 장식 준비하기 과자는 질감이 바삭한 것으로 준비하고, 바나나는 먹기 좋게 어슷썬다.

7 접시에 담기 접시에 초코 시럽을 뿌리고 모플을 올린 다음, 바닐라 아이스크림과 초코 무스를 모플 위에 올리고 과자를 꽂는다. 바나나는 모플 주변에 놓고 호두는 작게 부수어 뿌린다.

8 장식하기 완성된 모플 위에 초코 시럽과 코코아파우더, 슈거파우더를 뿌려 마무리한다.

Tip • **무스란…**

무스는 프랑스어로 거품을 의미하는 말로 거품처럼 몽글몽글한 식감이 특징인 요리다. 디저트에 많이 쓰이며 과일이나 초콜릿을 섞어 맛을 낸다. 주로 거품을 낸 생크림이나 달걀흰자로 만들고 젤라틴을 섞어 거품이 더 오래 지속되게 하기도 한다.

리코타 치즈 수플레 팬케이크

머랭을 듬뿍 넣고 구워 폭신폭신하고 부드러운 식감과 리코타 치즈의 풍미를 자랑하는 팬케이크.
팬케이크가 담백하고 부드러워 달콤한 허니버터, 메이플 시럽과 잘 어울린다.

팬케이크 리코타 치즈 150g, 달걀흰자 2개 분량, 무염버터 10g, 박력분 80g 달걀 2개, 우유 90mL, 설탕 45g, 소금 조금
장식 바나나 1개, 허니버터 10g, 메이플 시럽 적당량, 슈거파우더 적당량

1 **머랭 만들기** 볼에 달걀흰자, 설탕 15g, 소금을 넣고 거품기로 섞어 머랭을 만든다.

2 **반죽 만들기** 박력분, 달걀, 우유, 나머지 설탕을 넣고 섞는다.

3 **리코타 치즈·머랭 섞기** ②에 머랭과 리코타 치즈를 넣고 가볍게 섞어 반죽을 만든다.

4 **버터 녹이기** 팬을 달구고 무염버터를 녹인다.

5 **반죽 굽기** 달군 팬에 ③의 반죽을 3등분해서 넣고 뚜껑을 덮은 후 약한 불에서 3분간 굽는다.

6 **반죽 뒤집기** 3분 후 반죽을 뒤집고 다시 뚜껑을 덮어 3분간 굽는다.

7 **접시에 담기** 접시에 바나나를 반으로 잘라 담고 그 위에 완성된 팬케이크를 올린다.

8 **장식하기** 허니버터를 올린 후 슈거파우더를 뿌린다. 취향에 따라 메이플 시럽을 곁들인다.

Tip • 리코타 치즈란…

치즈를 만들 때 나오는 노란 액체인 유청을 원료로 만든 치즈. 부드럽고, 고소하고, 은은한 단맛이 나며 다른 재료와 잘 섞이기 때문에 요리에 자주 쓰인다. 만드는 법도 간단하다. 우유와 생크림, 레몬즙, 소금을 함께 끓이다가 우유와 생크림이 응고되면 면보에 걸러서 냉장고에 하루 정도 보관하면 완성된다.

레트로나 파이

Menu

바나나 크런치 6,200   티라미수 6,500
라즈베리 필드 6,500   쇼콜라 아메르 6,200
애플 꺄넬 6,500   아메리카노 5,000
레몬 톡톡 6,200   요거트 스무디 7,500
더블치즈 블루베리 6,500

복고풍으로 꾸민 개성 있는 공간

타르트 전문점 레트로나 파이는 일본 동경제과학교 출신의 셰프가 자신이 30년 동안 살던 가정집을 개조해 만들어 따뜻하고 편안하다. 독특한 외관과 아가일 체크 무늬 벽이 눈에 띄며, 민트색의 디자인 펜스부터 파이 모양의 손잡이까지 레트로나 파이만의 개성이 드러나 있다.

레트로나 파이는 모두 3층으로 이루어져 있다. 1층은 주방 겸 카운터이고 2, 3층이 카페다. 1층은 홀 바닥에 올드팝 LP 재킷을 깔아 미국의 오래된 클럽에 들어선 것 같은 느낌을 준다. 입구 왼쪽으로는 타르트가 전시된 쇼케이스가 있고, 위쪽에는 메뉴 설명이 쓰인 칠판이 있다. 2층과 3층은 각각 다른 콘셉트로 꾸며져 있다. 블루 계열의 천장, 블루와 브라운을 대비시킨 벽의 2층은 세련되고 고급스러운 분위기다. 이에 비해 3층 벽은 핑크와 블루의 체크무늬 패턴을 사용해 밝고 화사하다.

옥상은 1950년대 미국의 에어스트림(AIRSTREAM) 캠핑카로 꾸며 놓았다. 캠핑카는 레트로나 파이의 심벌이자 독특하고 재미있는 볼거리다. 날씨가 좋은 날에는 옥상에서 삼청동의 고즈넉한 풍경과 경복궁을 보며 디저트를 즐길 수 있다.

Information

문의 02-735-5668
주소 서울시 종로구 팔판동 17-2번지
찾아가는 길 지하철 3호선 경복궁역 3번 출구에서 삼청터널 방향으로 400m
영업시간 월요일~금요일 am 11:00~pm 11:00 / 토요일~일요일 am 11:00~pm 10:00 / 연중 무휴

다양한 맛과 화려한 문양이 특징

레트로나 파이에서는 겹겹이 층을 쌓아 만든 독창적인 타르트를 맛볼 수 있다. 매일 아침에 타르트를 만들어 신선도를 유지한다.

라즈베리 필드는 산딸기 크림과 플레인 크림치즈가 어우러져 상큼하고, 중간에 냉동 건조시킨 딸기가 들어가 있어 바삭하다. 크러스트 안에 선명한 원색의 층이 어우러져 모양도 화려하다. 달콤하고 향긋한 바나나 크런치는 몽글몽글한 바나나 크림 위에 바나나 조각이 놓여 있어 먹음직스럽다. 캐러멜 크런치가 들어 있어 씹는 맛도 즐길 수 있다. 애플 꺄넬은 부드러운 프로마주 크림과 아삭한 사과조림이 어우러져 있다. 파이 위를 감싼 사과 콤포트는 상큼함을, 파이 바닥에 얇게 발린 화이트 초콜릿은 달콤함을 선사한다.

크림치즈와 레몬 크림이 부드럽고, 레몬 젤리가 토핑된 레몬 톡톡, 촉촉하고 진한 치즈 맛이 좋은 베이크드 치즈, 블루베리 콤포트가 듬뿍 올라간 더블치즈 블루베리, 상큼한 딸기가 소복하게 토핑된 후레즈, 초콜릿 글라사주를 입혀 광택이 나는 쇼콜라 아메르 등 10가지가 넘는 종류의 타르트를 선보인다. 입구 옆에 마련된 선반에는 에그 타르트와 바게트, 식빵, 쿠키도 있다. 브리오슈 프렌치 토스트와 벨기에 와플, 크로크 무슈의 브런치는 세트 메뉴로 제공한다.

Check Point

- 타르트는 만드는 양이 적어 오후나 저녁에는 품절될 수 있다.
- 옥상에는 오후 6시까지 올라갈 수 있다

DRINK
COFFEE
Do Stupid
Things
Faster
with More
Energy
Retrona Pie
TART & MORE

TART & MORE
Retrona Pie
TART & MORE

바나나 크런치

부드러운 바나나 크림과 플레인 크림치즈, 바삭한 아몬드 크런치가 어우러진 타르트.
향긋한 바나나 향이 코끝을 자극한다. 잘 익은 바나나로 만들어야 맛있다.

크러스트 달걀노른자 1개 분량, 박력분 200g, 아몬드 가루 80g, 슈거파우더 100g, 설탕 20g, 버터 100g, 물 30mL, 소금 조금
필링 달걀 6개, 아몬드 가루 · 슈거파우더 90g씩, 설탕 76g, 버터 76g, 레몬 주스 24mL, 럼주 16mL
아몬드 크런치 말린 크레이프 조각 · 아몬드 프랄린 60g씩, 밀크 초콜릿 36g
* 아몬드 프랄린은 아몬드를 설탕 시럽에 넣고 조린 과자예요.
플레인 크림치즈 달걀노른자 1개 분량, 설탕 38g, 거품 낸 생크림 144g, 크림치즈 80g, 플레인 요거트 42g, 우유 42mL, 판 젤라틴 4장
* 플레인 크림치즈 만들기는 53페이지를 참고하세요.
바나나 크림 바나나 퓌레 100g, 설탕 12g, 거품 낸 생크림 175g, 우유 25mL, 레몬 주스 5mL, 판 젤라틴 4장
머랭 달걀흰자 4개 분량, 설탕 120g
토핑 바나나 1개, 무화과 4~5개

크러스트 만들기

1 버터·설탕·소금 섞기 버터를 실온에서 녹여 설탕, 소금을 넣고 핸드믹서로 크림 상태가 되도록 섞는다.

2 달걀노른자·가루 재료 섞기 달걀노른자를 풀어 ①에 서서히 넣고 섞은 다음 체에 내린 박력분과 아몬드 가루, 슈거파우더를 섞는다.

3 휴지시키기 ②를 비닐로 싸서 냉장고에서 하루 동안 휴지시킨다.

필링 만들기

재료 섞기 버터를 뺀 모든 재료를 섞은 다음 중탕으로 녹인 버터를 넣는다.

아몬드 크런치 만들기

재료 섞어 굳히기 밀크 초콜릿, 아몬드 프랄린을 같이 녹여 말린 크레이프 조각을 섞은 다음 무스틀에 평평하게 담아 냉동실에서 굳힌다.

바나나 크림 만들기

1 바나나 퓌레·레몬주스·우유 데우기 냄비에 바나나 퓌레와 레몬주스, 우유를 함께 넣고 데운다.

2 머랭 만들기 달걀흰자에 설탕을 두세 번에 나눠 넣으면서 섞는다.

3 젤라틴·생크림·머랭 넣기 ①에 물에 불린 젤라틴과 설탕, 생크림을 넣어 섞은 다음 머랭을 섞는다.

마무리하기

1 크러스트 굽기 크러스트 반죽을 밀어 타르트 틀에 담아 평평하게 한 다음 필링을 채워 180℃로 예열한 오븐에서 20~30분간 굽는다.

2 아몬드 크런치·플레인 크림치즈 얹기 ①에 아몬드 크런치를 올리고 플레인 크림치즈를 봉긋하게 채운다. 바나나 크림을 짤주머니에 담아 짜 올리고 자른 바나나와 무화과를 올려 장식한다.

크러스트 만들기

바나나 크림 만들기

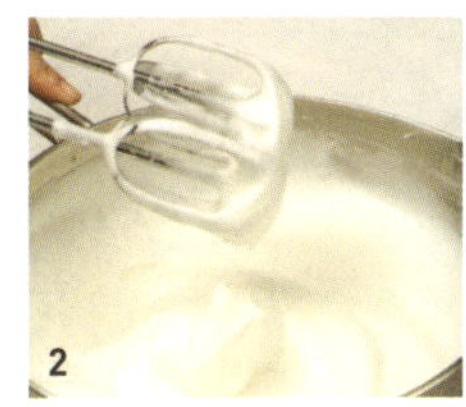

라즈베리 필드

크러스트에 피스타치오 필링과 딸기 크런치, 플레인 크림치즈를 올린 라즈베리 필드.
산딸기 크림을 풍성하게 짜 얹고 라즈베리와 청포도를 토핑해 색이 예쁘고 먹음직스럽다.

크러스트 달걀노른자 1개 분량, 박력분 200g, 슈거파우더 100g, 아몬드 가루 80g, 설탕 20g, 버터 100g, 물 30mL, 소금 조금

* 크러스트 만들기는 51페이지를 참고하세요.

필링 달걀 3개, 아몬드 가루 · 슈거파우더 45g씩, 설탕 38g, 버터 38g, 피스타치오 페이스트 25g, 럼주 8mL

딸기 크런치 화이트 초콜릿 130g, 말린 크레이프 조각 40g, 딸기 다이스 10g, 식용유 15mL

* 딸기 다이스는 냉동 건조시킨 딸기를 잘게 다진 것으로 초콜릿, 케이크, 아이스크림 등의 장식에 많이 쓰여요.

플레인 크림치즈 달걀노른자 1개 분량, 설탕 38g, 거품 낸 생크림 144g, 크림치즈 80g, 플레인 요거트 42g, 우유 42mL, 판 젤라틴 4장

산딸기 크림 냉동 딸기 200g, 산딸기 퓌레 400g, 설탕 200g, 거품 낸 생크림 300g, 판 젤라틴 1장

토핑 딸기 4개, 생크림 적당량

필링 만들기

재료 섞기 버터를 뺀 모든 재료를 덩어리지지 않게 잘 섞은 다음 중탕으로 녹인 버터를 넣어 섞는다.

딸기 크런치 만들기

재료 섞기 중탕한 화이트 초콜릿에 딸기 다이스, 말린 크레이프 조각, 식용유를 섞고 원형 틀에 담아 평평하게 펴서 냉동실에 굳힌다.

플레인 크림치즈 만들기

1 요거트·크림치즈 풀기 플레인 요거트와 크림치즈를 섞어 푼다.

2 우유 끓이기 우유를 끓기 직전까지 데운다.

3 달걀노른자·우유 섞기 달걀노른자와 설탕을 거품기로 풀고 끓인 우유를 서서히 부어가며 섞은 뒤 약한 불에 올려 데운다.

4 젤라틴·생크림 섞기 ③에 물에 불린 젤라틴을 넣고 젓는다. ①을 섞은 다음 거품 낸 생크림을 세 번 나눠 넣어 섞는다.

산딸기 크림 만들기

1 딸기·산딸기 퓌레에 설탕 섞기 냉동 딸기와 산딸기 퓌레를 중간 불에서 끓인 다음 설탕을 여러 번 나눠 넣어가며 끓인다.

2 젤라틴·생크림 섞기 ①의 불을 줄여 15~20분 정도 조리다가 물에 불린 젤라틴을 넣고 젤라틴이 녹으면 거품 낸 생크림을 섞는다.

마무리하기

1 크러스트 굽기 크러스트를 밀어 타르트 틀에 담아 평평하게 한 다음 필링을 채워 180℃로 예열한 오븐에서 20~30분간 굽는다.

2 딸기 크런치·플레인 크림치즈 얹기 ①에 딸기 크런치와 플레인 크림치즈를 얹고 산딸기 크림을 짤주머니로 짜 올린 뒤 딸기를 얹는다.

플레인 크림치즈 만들기

애플 꺄넬

꺄넬은 프랑스어로 '계피'라는 뜻이다. 애플 꺄넬은 계피를 넣어 조린 사과의 향이 은은하게
풍기는 파이다. 여기에 부드럽고 진한 프로마주 크림이 환상적인 조화를 이룬다.

재료 | 1개(지름 22cm분)

크러스트 달걀노른자 1개 분량, 박력분 200g, 아몬드 가루 80g, 슈거파우더 100g, 설탕 20g, 버터 100g, 물 30mL, 소금 조금
* 크러스트 만들기는 51페이지를 참고하세요.
파이 강력분 150g, 박력분 100g, 버터 225g, 물 100mL, 소금 5g
사과 콤포트 사과 3개, 설탕 200g, 물 600mL, 칼바도스 20mL, 레몬껍질 4g, 레몬즙 조금
* 칼바도스는 프랑스 노르망디 지방에서 생산되는 사과로 만든 브랜디예요.
사과조림 사과 1개, 설탕 32g, 버터 16g, 레몬 주스 15mL, 계핏가루 조금
프로마주 크림 커스터드 크림 · 크림치즈 300g씩, 거품 낸 생크림 150g
마무리 화이트 초콜릿 적당량

파이 만들기

1 재료 섞기 강력분과 박력분을 체 쳐서 버터, 소금, 물을 넣고 스크래퍼로 잘게 자르듯이 섞는다. 버터를 잘게 다져 뭉치지 않게 한다.

2 틀로 반죽 찍기 밀대로 반죽을 5㎜ 두께로 밀어서 3절 접기한다. 이 과정을 5번 반복해 19.5×19.5cm크기의 사각 틀로 찍는다.

3 오븐에 굽기 반죽을 냉동실에 하루 동안 두었다가 180℃로 예열한 오븐에서 20~30분간 굽는다.

사과 콤포트 만들기

끓이기 사과를 네모지게 썰어 칼바도스를 뺀 나머지 재료와 함께 30분 정도 끓인다. 재료가 끓으면 칼바도스를 넣는다.

사과조림 만들기

조리기 사과를 썰어 설탕, 버터, 레몬 주스, 계핏가루를 넣고 조린다.

프로마주 크림 만들기

재료 섞기 커스터드 크림, 크림치즈를 섞고 거품 낸 생크림을 섞는다.

마무리하기

1 크러스트 굽기 타르트 틀에 반죽을 밀어 평평하게 한 다음 파이용 돌을 얹어 180℃로 예열한 오븐에서 20~30분간 굽는다. 돌을 빼낸 크러스트가 식으면 화이트 초콜릿을 얇게 깔아 냉동실에서 굳힌다.

2 프로마주 크림 바르기 ①에 프로마주 크림을 얇게 펴 바르고 구운 파이를 올린 뒤 다시 한 번 프로마주 크림을 바른다.

3 사과조림 올려 굳히기 사과조림을 올리고 남은 프로마주 크림을 발라 냉동실에서 굳힌다. 맨 위에 사과 콤포트를 올린다.

파이 만들기

사과조림 만들기

마무리하기

Tip • 콤포트란…

콤포트는 설탕에 조린 과일이다. 배나 사과, 블루베리 등이 콤포트를 만들기에 알맞다. 잼과 비슷하지만 잼에 비해 설탕이 덜 들어가 단맛이 강하지 않다. 과육이 뭉개질 때까지 조리지 않아 과육을 씹는 맛도 느낄 수 있다. 빵에 발라 먹거나 크래커에 얹어 먹어도 좋다.

담장 옆에 국화꽃

Menu

밤대추 빙수 8,000	72%초코 찰떡과 아이스크림 7,000
단호박 팥빙수 9,000	삼색 가래떡 구이 5,000
단호박 단팥죽 9,000	개성주악 1,500
사색 인절미 8,000	단호박 라떼 5,500

커피향 가득한 퓨전 떡 카페

작은 프랑스 마을이라 불리는 서래마을에 가면 한국의 전통미가 돋보이는 떡 카페 담장 옆에 국화꽃을 만날 수 있다. 이름에서부터 서정적인 냄새가 물씬 풍기는 담장 옆에 국화꽃은 떡과 커피가 어우러진 캐주얼 떡 카페다.

담장 옆에 국화꽃은 모던하고 세련된 인테리어가 매력이다. 회색빛의 콘크리트 천장과 벽, 바닥에 원색의 목재가구와 쿠션으로 포인트를 주어 감각 있게 연출했다. 바깥 공간을 터서 테이블 배치가 널찍널찍하다.

실내는 벽 곳곳에 철제로 된 캐비닛을 붙이고 그 위에 책과 찻잔, 커피 추출기를 놓아 특색 있다. 벽에 걸린 칠판에는 원두와 커피 종류의 정보를 그림과 함께 담아 커피에 대한 이해를 돕는다. 실내 가운데에 있는 선반에는 사과정과나 오븐찰떡구이 등의 떡을 놓아두었다. 또 다른 선반에는 커피 추출기와 티 포트를 비롯해 커피와 차 관련 소품들이 진열돼 있어 눈길을 끈다.

한국식 디저트에 새로운 감각을 더해 만든 메뉴 덕분에 남녀노소뿐만 아니라 외국인들도 부담 없이 찾는다. 한국식 디저트 카페에 관한 주제로 블로거를 초청해 간담회를 가지거나 케이터링 서비스도 실시한다.

Information

문의 02-517-1157 / www.damkkot.com
주소 서울시 서초구 반포4동 92-3
찾아가는 길 지하철 7호선 고속터미널역 5번 출구에서 서래마을 방향으로 900m
영업시간 am 10:00~pm 11:00 / 명절휴무

우리나라 고유의 맛을 만나다

담장 옆에 국화꽃은 우리 땅에서 나는 재료를 사용한다. 그래서 메뉴도 멥쌀과 찹쌀, 붉은팥, 대추, 단호박, 보라고구마, 한라봉, 도라지 등 자연재료를 사용한 건강 메뉴가 대부분이다.

사색 인절미는 흑미, 쑥, 보라고구마, 단호박 4가지 종류의 인절미를 노릇하게 구운 후 아몬드와 호박씨, 콩가루, 직접 만든 조청을 올려 만든다. 인절미의 겉은 바삭하지만 속은 말랑말랑해 씹는 맛이 좋다. 밤대추 빙수는 곱게 갈은 얼음에 직접 조린 팥과 얇게 저민 말린 대추, 통통한 밤을 푸짐하게 올려낸다. 유기에 담아 시원한 상태로 즐길 수 있다. 국산 팥으로 만든 단팥죽에 삶은 단호박을 올린 단호박 단팥죽은 맛이 진하고 부드러워 입안에서 사르르 녹는다. 팥을 푹 삶아 껍질을 걸러내고 부드럽게 만드는 것이 맛의 비결이다.

색감이 예쁜 10여 가지 종류의 떡 케이크를 비롯해 개성주악과 오븐찰떡구이, 사과정과 등도 눈길을 끈다. 웰빙 음료인 단호박 라테와 진저 라테는 천연재료로 만들기 때문에 깊고 부드러운 맛을 느낄 수 있다. 겨울에는 고구마와 견과류 가래떡, 사과조림이 어우러진 고구마 맛탕을 선보인다. 직접 만든 한라봉 꿀차, 오미자차, 매실차, 허브차 등 차 종류와 핸드드립 커피와 더치 커피 등도 인기를 끌고 있다.

Check Point

- 모든 메뉴는 테이크아웃할 수 있다.
- 아메리카노는 1회 리필이 가능하지만, 세트 메뉴에 나오는 아메리카노는 리필이 안 된다.
- 돌떡이나 답례떡, 웨딩 떡 케이크를 주문할 수 있다.
- 마지막 주문은 10시 10분까지 받는다.

사색 인절미

흑미와 쑥, 보라고구마, 단호박 등 천연 재료로 고운 빛깔을 내는 사색 인절미. 예쁜 인절미 위에
견과류와 콩가루, 조청을 뿌려 맛은 물론 보기도 좋다. 어르신 간식이나 손님상에 내놓아도 손색이 없다.

재료 | 20개

인절미 찹쌀가루 5큰술, 흑미가루 3큰술, 쑥가루 3큰술, 보라고구마가루 3큰술, 단호박가루 3큰술, 물 4큰술, 소금 조금
장식 호박씨 · 아몬드 적당량씩, 콩가루 · 조청 조금씩

반죽 만들기

1 찹쌀가루 체에 내리기 찹쌀가루를 체에 두 번 정도 내려 덩어리 없는 고운 가루로 만든다.

2 반죽하기 찹쌀가루를 4등분해서 따로 볼에 담고 물을 1큰술씩 부어서 반죽한다.

3 색깔 내기 각각의 볼에 흑미가루, 쑥가루, 보라고구마가루, 단호박가루, 소금을 넣고 반죽해서 색깔을 낸다.

인절미 모양내기

1 찌기 찜기에 4가지 색의 찹쌀반죽을 담아 25~30분 정도 찐다.

2 인절미 썰기 완성된 인절미를 꺼내서 네모지게 썰어 모양을 낸다.

마무리하기

1 인절미 굽기 기름을 두르지 않은 프라이팬에서 모든 면을 고르게 굽는다.

　* 기름을 두르지 않은 팬에 인절미를 구우면 더 바삭바삭하고 맛있게 구워져요.

2 접시에 담기 접시에 구운 인절미를 담고 콩가루와 조청을 뿌린 뒤 아몬드와 호박씨를 올린다.

반죽 만들기

마무리하기

Tip • 인절미, 오븐으로 만들기

찜기나 찜통이 없을 때 오븐의 찜 기능을 이용하면 인절미를 쉽게 만들 수 있다. 면보자기로 감싼 틀에 찹쌀가루 반죽을 넣고 25~30분 정도 찐 다음 떡을 끈기가 생길 때까지 친다. 먹기 좋게 썰어 콩고물을 묻히면 완성.

밤대추 빙수

얼린 우유를 곱게 갈아 팥과 대추, 밤을 올린 빙수. 아작아작 씹히는 맛에 씹을수록
깊은 달콤함이 느껴진다. 찬 성질의 얼음과 따뜻한 성질의 팥, 대추, 밤이 잘 어울린다.

재료 | 1인분

얼음 얼린 우유 200mL
단팥 팥 1컵, 소금 1큰술, 설탕 3/4큰술, 물엿 2큰술
찹쌀떡 찹쌀가루 20g, 뜨거운 물 15mL, 소금 조금
장식 삶은 밤 4~5톨, 말린 대추 3~4개, 떡 · 콩가루 조금씩

단팥 만들기

1 **팥 삶기** 찹팥을 하루 정도 물에 충분히 불려 물과 소금을 넣고 삶는다.

2 **설탕·물엿 넣기** 팥이 익기 시작하면 설탕과 물엿을 넣고 저어가며 걸쭉하게 끓인다.

찹쌀떡 만들기

1 **찹쌀가루 반죽하기** 찹쌀가루에 소금을 섞고 뜨거운 물을 조금씩 부어가며 반죽한다.

2 **반죽 빚기** 완성된 반죽을 한입 크기로 조금씩 떼어내서 둥글게 빚는다.

3 **찹쌀떡 삶기** 둥글게 빚은 찹쌀떡을 끓는 물에 넣고 중간 불에 삶는다.

4 **찬물에 헹구기** 찹쌀떡이 물 위로 떠오르면 건져서 찬물에 한 번 헹궈서 열기를 뺀다.

고명 준비하기

1 **대추 다듬기** 대추는 씨를 빼고 채 썰어서 식품건조기에서 말린 후 냉동시킨다.

2 **밤 삶기** 깨끗이 씻은 밤을 삶아서 찬물에 헹군 뒤 껍질을 깐다.
  * 삶은 밤을 바로 찬물에 헹구면 쉽게 껍질을 깔 수 있어요.

마무리하기

1 **얼린 우유 갈기** 그릇에 얼린 우유를 곱게 갈아 소복하게 쌓는다.

2 **토핑 얹기** ①에 단팥을 얹고 콩가루를 뿌린 뒤 떡과 삶은 밤, 말린 대추를 올린다.

단팥 만들기

고명 준비하기

마무리하기

Tip • 팥 빨리 삶는 요령

팥을 압력밥솥에 삶으면 시간을 줄일 수 있다. 팥을 충분히 삶은 다음 설탕을 넣고 끓인다. 설탕 양은 입맛에 따라 조절한다.

단호박 단팥죽

겨울철에 더욱 생각나는 단팥죽. 여기에 달착지근한 단호박을 곱게 으깨어 올려 건강식으로 그만이다.
달지 않고 소화도 잘 돼 아침식사나 야식으로 즐겨도 좋다.

단팥죽 체에 거른 팥 250g, 녹말물(녹말:물 = 1:1) · 설탕 · 소금 적당량씩
찹쌀떡 찹쌀가루 20g, 뜨거운 물 15mL, 소금 조금
장식 으깬 단호박 1스쿠프 , 호박씨 · 계핏가루 적당량씩, 설탕 · 소금 조금씩

단팥죽 만들기

1 팥 체에 내리기 반나절 이상 불려 푹 삶은 팥을 체에 두 번 정도 내린다.

2 간하기 설탕과 소금으로 간을 하고 한 번 더 끓인다.

찹쌀떡 만들기

1 찹쌀가루 반죽하기 찹쌀가루에 소금을 섞고 뜨거운 물을 조금씩 부어
가며 반죽한다.

2 반죽 빚기 완성된 반죽을 한입 크기로 조금씩 떼어내서 둥글게 빚는다.

3 찹쌀떡 삶기 둥글게 빚은 찹쌀떡을 끓는 물에 넣고 중간 불에 삶는다.

4 찬물에 헹구기 찹쌀떡이 물 위로 떠오르면 건져서 찬물에 한 번 헹군다.

마무리하기

1 찹쌀떡 넣기 단팥죽에 찹쌀떡을 넣고 찹쌀떡이 떠오르면 녹말물을 넣
어 농도를 조절한다.

2 단호박 올리기 삶아서 으깬 단호박을 ①에 올리고 호박씨, 계핏가루를
올려 마무리 한다.

단팥죽 만들기

찹쌀떡 만들기

마무리하기

Tip • 단호박 찌기

단호박은 씨를 적당히 남겨 두고 중간 불
에서 15~20분 정도 찐다.
껍질이 보이게 안쳐서 쪄야 물이 스며들
지 않고 단맛을 유지할 수 있다.

미국인 셰프가 운영하는 미국식 정통 파이 전문점

타르틴

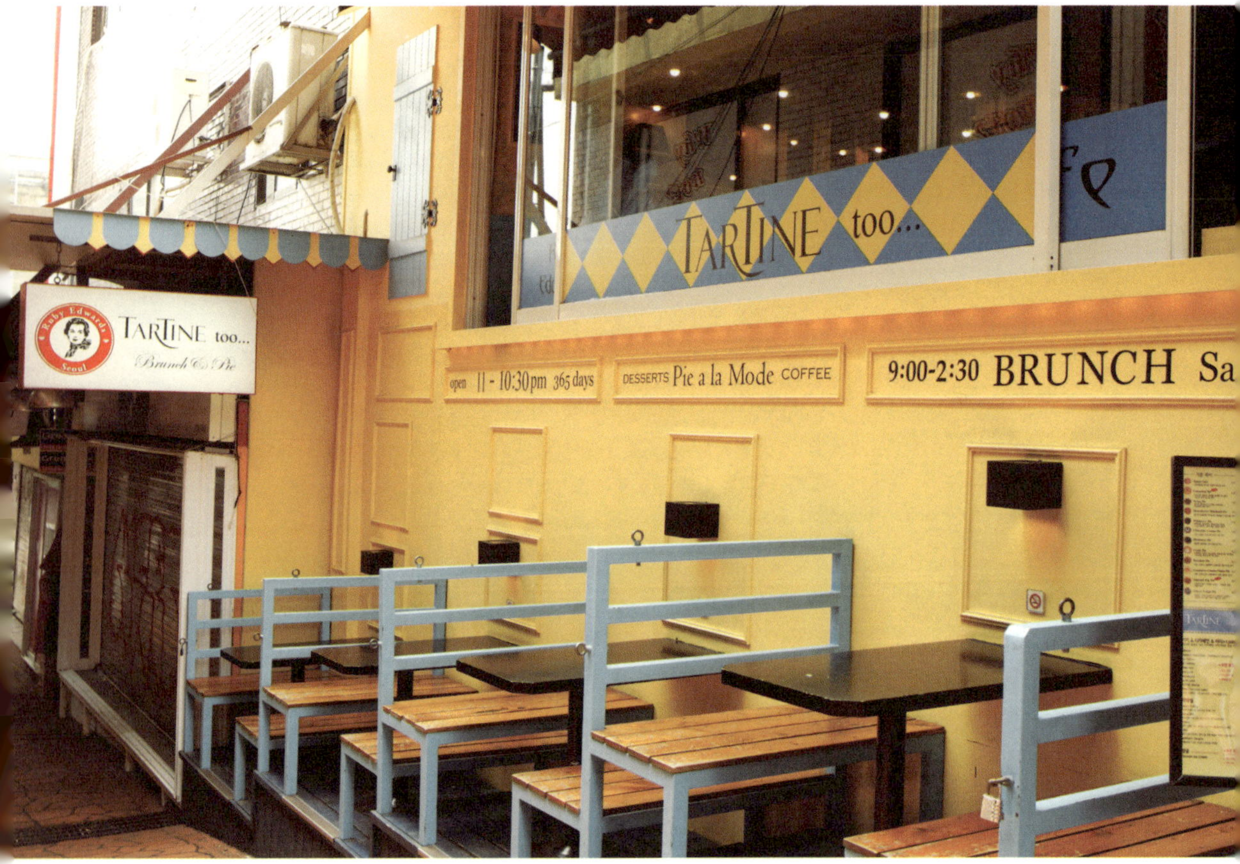

Menu

스트로베리 루바브 파이 7,800	피칸 브라우니 3,300
초콜릿 크림 파이 7,800	초콜릿 토르테 7,400
와일드베리 파이 7,800	얼그레이 크림 파이 7,800
애플 크럼블 파이 8,300	코코넛 크림 파이 7,800
딸기 파이 8,300	라바 케이크 세트 18,000
레몬 스퀘어 3,300	

어머니가 만들어주던 파이 맛을 재현

이태원에 있는 타르틴은 손으로 빚은 파이가 인상적인 미국식 파이 전문점이다. 미국인 셰프가 운영하는 곳으로 정통 미국식 파이의 맛을 그리워하는 외국인들이 많이 찾는다. 타르틴은 프랑스어로 버터나 잼을 바른 빵 조각을 말하지만 이곳은 타르틴의 또 다른 뜻인 '그칠 줄 모르는 이야기'라는 의미를 담고 있다.

타르틴의 간판에는 스카프를 두른 중년 여성이 그려져 있다. 이 여성은 셰프 에드워드 가레트 씨의 어머니다. 타르틴의 로고는 가레트 씨의 어머니가 젊었을 때 찍은 사진 속 모습을 스케치한 것이다. 가레트 씨는 "일곱 번째 생일날 어머니에게 받은 요리책 덕분에 요리사의 길을 걷게 되었다. 어머니가 만들었던 파이의 맛을 그대로 전하기 위해 실제로 어머니의 레시피를 사용한다"라고 말했다.

타르틴의 실내는 아담하고 소박하다. 세련된 인테리어를 자랑하는 다른 카페들과 달리 미국 시골의 가정집처럼 아늑해서 조용히 이야기를 나누기에 좋다. 벽 한쪽에 있는 러시아식 난로 페치카와 벨기에에서 들여온 150년 된 앤티크 가구, 샹들리에가 빈티지한 분위기를 낸다. 카페 밖에서도 볼 수 있는 쇼케이스에는 먹음직스럽게 진열된 타르트가 사람들의 눈길을 모은다.

매장 밖에는 벽을 따라 테라스를 만들었다. 날씨가 좋을 때는 기분 좋은 바람을 맞으며 디저트를 즐길 수 있다. 맞은편 건물에도 타르틴 매장이 있다. 이곳은 앤티크한 분위기를 풍기는 원래 매장과 달리 곳곳에 걸어놓은 멋스러운 그림과 큼직한 공간 덕분에 모던한 느낌이 강하다.

Information

문의 02-3785-3400 / www.tartine.co.kr
주소 서울시 용산구 이태원동 119-15
찾아가는 길 지하철 6호선 이태원역 1번 출구에서 이태원시장 방향으로 150m
영업시간 am 10:00~pm 10:30 / 연중 무휴

투박하지만 풍부한 맛으로 사랑받는 파이

손으로 하나하나 만드는 타르틴의 파이는 모양이 다소 투박하고 제각각이다. 하지만 재료를 아끼지 않고 정성을 다해 만들어 맛만큼은 최고를 자랑한다. 이곳에서는 가레트 씨가 약 40년 전에 어머니에게서 전수받은 피칸 브라우니를 비롯해 블루베리 파이, 피칸 파이를 맛볼 수 있다. 가레트 씨는 "어린 시절 할머니가 운영하던 농장에서 바구니에 한가득 따온 과일로 만들던 파이의 맛을 재현하는 것이 목표다. 내가 만든 파이가 유행을 따르지 않고 사람들에게 오랫동안 사랑받는 음식이 되면 좋겠다"라고 말한다.

특색 있는 메뉴는 달콤한 딸기와 새콤한 루바브의 맛이 조화를 이루는 스트로베리 루바브 파이다. 루바브는 맛이 새콤하고 향기가 나는 열매다. 서양에서는 파이, 잼, 쿠키 등에 흔히 쓰지만, 우리나라를 비롯한 아시아에서는 '대황'이라고 하여 주로 약재로 쓴다. 타르틴에서는 루바브로 만든 파이를 맛볼 수 있다.

레드커런트와 블루베리, 블랙베리, 딸기, 블랙커런트의 5가지 베리가 들어가 새콤달콤한 맛이 나는 와일드베리 파이는 가레트 씨가 직접 반죽을 배합해 '셰프 가레트의 파이'라고 불린다. 피칸 파이는 캐러멜로 코팅된 피칸이 푸짐하게 담겨 있어 달콤하고 고소해 많은 사람들에게 사랑받는다.

레몬 머랭 파이는 레몬필링이 듬뿍 들어 있어 맛이 매우 상큼하고, 초콜릿 크림 파이는 타르트 안을 채우고 있는 부드러운 초콜릿 크림이 단단하고 고소한 파이와 잘 어우러져 생크림과 함께 풍부한 맛을 낸다.

Check Point

- 만석일 경우에는 이용시간을 1시간 30분으로 제한한다.
- 알라모드(A la mode)는 파이에 아이스크림이 곁들여져 나온다.
- 라바 케이크는 평일에만, 얼그레이 크림 파이, 코코넛 크림 파이, 레몬 머랭 파이 등은 주말에만 맛볼 수 있다.
- 아침 9시부터 오후 2시 30분까지는 브런치를 이용할 수 있으며, 이 시간에는 커피 음료를 드립 커피로 리필해준다.

스트로베리 루바브 파이

루바브는 맛이 시고 향기가 있다. 젤리나 잼을 만들기도 하고 파이와 케이크의 재료로 쓴다.
스트로베리 루바브 파이는 크러스트의 바삭함과 루바브의 새콤달콤함이 잘 어우러진 디저트다.

재료 | 5개(지름 10cm분)

크러스트 박력분 130g, 설탕 10g, 무염버터 75g, 얼음물 20mL, 소금 1/2작은술
필링 루바브 370g, 딸기 3개, 중력분 55g, 설탕 100g, 물 150mL, 레몬 주스 조금
토핑 아이스크림 5스쿠프

크러스트 만들기

1 재료 섞기 박력분을 체에 내린 뒤 무염버터, 소금, 설탕을 넣어 스크
래퍼로 버터를 잘게 자르듯이 섞는다. 버터를 잘게 다져 뭉치지 않게
해야 한다.

  * 무염버터를 차가운 상태에서 잘라야 잘 섞여요.

2 휴지시키기 얼음물을 넣고 살짝 뭉칠 정도로만 반죽한 다음 비닐에
싸서 냉장고에서 하루 정도 휴지시킨다.

  * 반죽을 많이 섞으면 글루텐이 생겨 질겨지기 때문에 살짝 뭉칠 정도로만 섞어야 해요.

3 반죽 밀어 틀에 담기 반죽을 3mm 두께로 밀어 파이 틀 위에 얹고 가
장자리를 자른다.

파이 만들기

1 필링 만들기 루바브와 딸기를 적당한 크기로 잘라 나머지 재료와 함
께 섞는다.

2 크러스트에 필링 채워 굽기 크러스트에 필링을 채우고 180℃로 예열
한 오븐에서 40분 정도 굽는다.

  * 크러스트의 색깔이 황금빛으로 변하면 알맞게 구워진 거예요.

3 아이스크림 올리기 구운 파이 위에 아이스크림을 한 스쿠프 올린다.

크러스트 만들기

파이 만들기

Tip • 크러스트 반죽 보관법

크러스트는 넉넉히 만들어 냉동해두었다
가 쓰면 편하다. 틀에 얹어 그대로 냉동하
면 된다.

초콜릿 크림 파이

바삭하고 담백한 크러스트와 달콤한 초콜릿 크림이 만났다. 다크 초콜릿의 진한 맛을 느낄 수 있는
초콜릿 크림 파이는 우유나 아이스크림에 곁들이면 좋다. 냉장고에 넣어 차게 준비하면 더 맛있다.

크러스트 박력분 130g, 설탕 10g, 무염버터 75g, 얼음물 20mL, 소금 1/2작은술
초콜릿 크림 달걀 1개, 설탕 75g, 다크 초콜릿 80g, 우유 300mL, 코코아파우더 · 녹말가루 · 바닐라오일 · 소금 조금씩
크림 휘핑크림 100g, 슈거파우더 15g
장식 빻은 초콜릿 쿠키 · 초콜릿 소스 · 슈거파우더 적당량씩

크러스트 만들기

1 **재료 섞기** 박력분을 체에 내린 뒤 무염버터, 소금, 설탕을 넣어 스크래퍼로 버터를 잘게 자르듯이 섞는다. 버터를 잘게 다져 뭉치지 않게 해야 한다.

2 **휴지시키기** 얼음물을 넣고 살짝 뭉친 후 비닐에 싸서 냉장고에서 하루 정도 휴지시킨다.
  * 얼음물은 반죽이 살짝 뭉쳐질 정도로만 넣으세요.

3 **반죽 밀어 틀에 담기** 반죽을 3mm 두께로 밀어 파이 틀 위에 얹고 가장자리를 자른다.

4 **오븐에 굽기** 파이 틀에 종이포일을 깔고 파이용 돌을 담아 180℃로 예열한 오븐에서 30분간 굽는다.

파이 만들기

1 **초콜릿 크림 만들기** 초콜릿 크림 재료를 모두 섞어 약한 불에서 데운다. 기포가 생기면서 끓어오르면 바로 불을 끈다.

2 **휘핑하기** 차가운 크림을 볼에 담고 거품을 낸다. 슈거파우더를 두 번에 나눠서 넣고 크림을 거품기로 들어 올렸을 때 꼬리가 살짝 휘는 정도까지 휘핑한다.

3 **크러스트에 초콜릿 크림 담기** 초콜릿 크림이 식으면 크러스트에 채우고 단단하게 만든 크림을 올려 장식한다.

4 **접시에 담기** 접시에 초콜릿 크림 파이를 담고 초콜릿 소스와 빻은 초콜릿 쿠키를 올려 장식한다.

크러스트 만들기

파이 만들기

Tip • **크러스트 구울 때 돌을 담는 이유**

크러스트를 구울 때 작은 돌을 담아 함께 구우면 열을 분산시켜 반죽이 부풀어 오르는 것을 막을 수 있다. 돌이 없으면 익히지 않은 팥이나 콩을 담아도 된다. 반죽 바닥을 포크로 찍는 것도 같은 이유다.

와일드베리 파이

다섯 가지 베리류를 한꺼번에 맛볼 수 있는 파이. 비타민이 풍부한 레드커런트와
블루베리, 블랙베리, 딸기, 블랙커런트로 파이 안을 꽉 채워 상큼함이 가득하다.

크러스트 박력분 130g, 설탕 10g, 무염버터 75g, 얼음물 20mL, 소금 1/2작은술
필링 레드커런트 · 블루베리 · 블랙베리 · 딸기 125g씩, 블랙커런트 3~4알, 중력분 55g, 설탕 100g, 물 150mL, 레몬 주스 조금

크러스트 만들기

1 재료 섞기 박력분을 체에 내린 뒤 무염버터, 소금, 설탕을 넣어 스크래퍼로 버터를 잘게 자르듯이 섞는다. 버터를 잘게 다져 뭉치지 않게 해야 한다.

2 휴지시키기 얼음물을 넣고 살짝 뭉칠 정도로만 반죽한 다음 비닐에 싸서 냉장고에서 하루 정도 휴지시킨다.

3 반죽 밀어 틀에 담기 반죽을 3mm 두께로 밀어 파이 틀 위에 얹고 가장자리를 자른다.

파이 만들기

1 필링 만들기 분량의 재료를 모두 섞어 필링을 만든다.

2 크러스트에 필링 담기 크러스트에 필링을 담는다.

3 오븐에 굽기 필링을 담은 크러스트를 160℃로 예열한 오븐에서 50분 정도 굽는다.

파이 만들기

Tip • 레드커런트와 블랙커런트

투명한 붉은색의 레드커런트는 새콤한 맛이 강하다. 주로 잼이나 수프를 만들거나 생으로 먹기도 한다. 향이 좋은 블랙커런트는 주스나 잼으로 많이 만든다. 시력 향상에 좋은 안토시아닌을 비롯해 칼슘과 칼륨, 마그네슘 등이 많이 들어 있어 종합 비타민이라 불린다.

르 쁘띠 푸

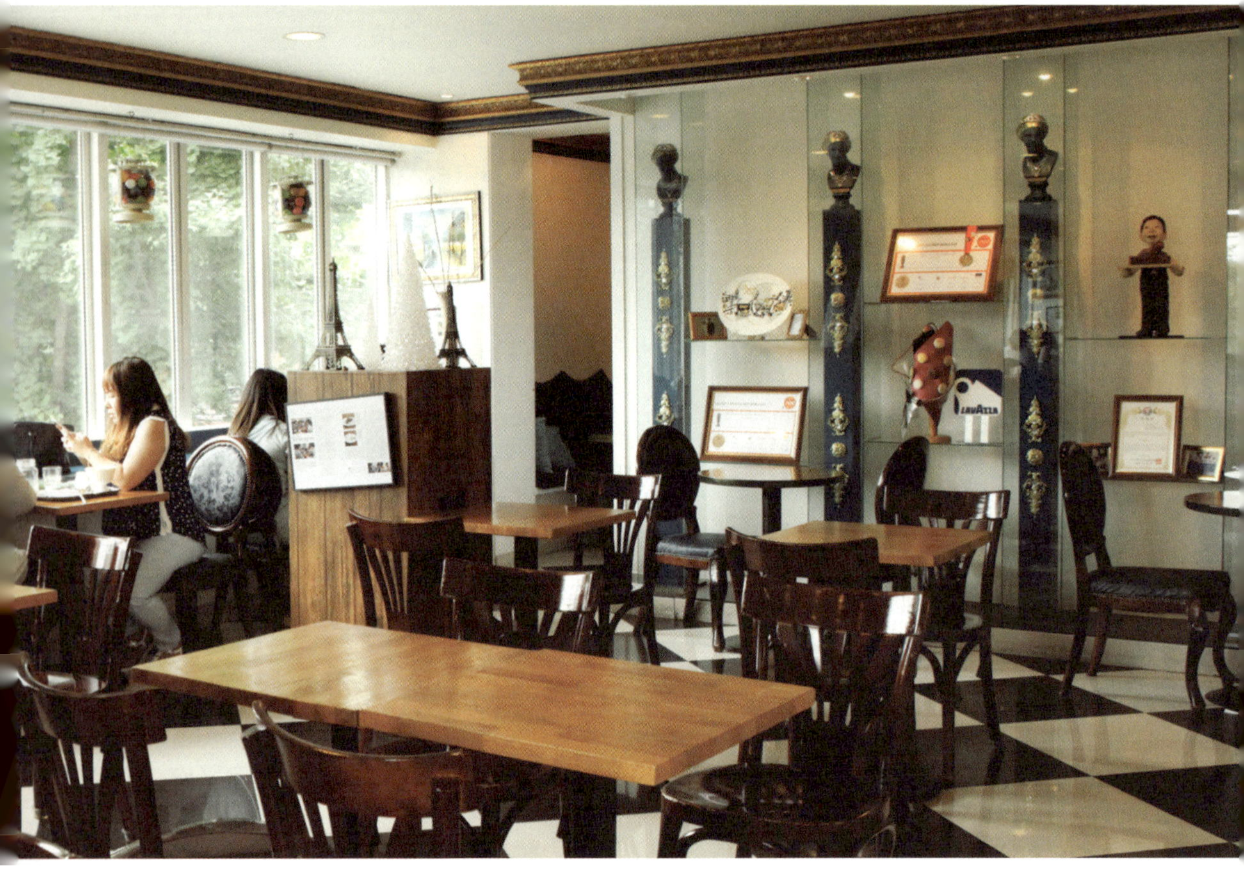

Menu

더블생크림 똥 케이크 4,200	레몬 망고 타르트 5,200
슈 몽블랑 6,400	리얼 쇼콜라 6,400
캐러멜 크렘 브륄레 4,200	마카롱 1,500~1,800
마카롤 6,400	캡슐 젤라토 3,800
오페라 6,400	아메리카노 3,700
썸머 푸딩 6,800	

독창적인 메뉴가 눈길을 사로잡는 프랑스식 디저트 카페

르 쁘띠 푸는 프랑스어로 '작은 오븐'이라는 뜻이다. 식후에 먹을 수 있는 한입 크기의 디저트를 가리키기도 한다. 프랑스식 디저트 카페 르 쁘띠 푸는 프랑스 요리학교 폴 보퀴즈 출신 셰프인 처남과 요리사 출신 매형이 운영하는 곳이다.

이곳에서는 좋은 재료를 사용해 제대로 된 프랑스식 디저트를 만든다는 생각으로 끊임없이 새로운 메뉴를 개발한다. 달팽이 모양이나 생쥐 모양, 딸기 모양, 눈사람 모양 등 독특한 디자인의 디저트를 내놓아 사람들의 호응을 얻고 있다.

인테리어는 원목가구를 주로 사용해 따뜻한 느낌이 난다. 에펠탑과 관련된 소품이나 은은하게 흘러나오는 프랑스 노래 덕분에 마치 프랑스 카페에 온 듯한 느낌이다. 벽 한쪽을 크게 차지하고 있는 명화와 멋스러운 조각상도 고급스런 분위기를 자아낸다. 게다가 당당하게 진열되어 있는 임명장과 요리대회에서 받은 수많은 상장들이 셰프의 실력을 간접적으로 보여준다.

가게 이곳저곳에 놓인 액자 속 사진도 눈에 띈다. 이 사진들은 해외의 유명 셰프들, 뮤지컬 '오페라의 유령' 오리지널 팀이 르 쁘띠 푸를 방문해서 찍은 사진들이다. 해외의 유명 인사들까지 방문해서 디저트를 먹고 사진까지 남기는 것을 보면 그들의 입맛도 사로잡은 모양이다.

통유리로 되어 있는 한쪽 벽 천장에는 마카롱 모형이 가득 들어있는 투명한 마카롱 단지들을 주렁주렁 걸어놔서 아기자기한 느낌도 준다. 쇼케이스에는 마카롱과 알록달록한 젤라토, 이곳의 인기 메뉴인 더블생크림 똥 케이크, 슈 몽블랑 등이 가득 채워져 있어 보기만 해도 달콤하다.

Information

문의 02-322-2669 / www.lepetitfour.co.kr
주소 서울시 마포구 상수동 86-37 2층
찾아가는 길 지하철 6호선 상수역 2번 출구에서 나와 홍대 방향으로 200m
영업시간 월요일~목요일 am 11:30~pm 11:00 / 금요일~토요일 am 11:30~pm 12:00 /
　　　　　 일요일 pm 1:00~10:00 / 명절휴무

똥 케이크와 마카롱, 다양한 젤라토…

르 쁘띠 푸의 대표 메뉴는 건포도와 아몬드로 만든 파리 모양의 장식을 올린 유머러스한 디자인의 더블생크림 똥 케이크다. 이름 그대로 똥처럼 생긴 이 케이크는 헤이즐넛 다쿠아즈 시트에 요거트 더블생크림을 올려 느끼하지 않고 새콤달콤하다. 초콜릿 크림을 올려 진한 맛을 내기도 한다.

페이스트리로 감싼 슈에 바닐라 샹티를 채워 넣고 그 위에는 여러 가닥의 밤 크림을 뿌린 슈 몽블랑도 사람들에게 사랑받는 메뉴다. 향긋한 계피와 밤 향, 정성스럽게 크림을 올린 모양이 후각과 시각을 자극해서 먹기도 전에 눈과 코가 즐거워진다.

달콤 쌉싸래한 캐러멜 크렘 브륄레는 토치로 표면을 살짝 구워서 만든 살얼음 같은 슈거 층과 풍부한 커스터드 크림의 조화가 인상적인 디저트다.

캡슐 젤라토는 과일을 직접 갈거나 차를 우려내어 만든 천연 아이스크림이다. 합성첨가물이나 착색제, 아이스크림 믹스, 인공 향을 넣지 않아 재료의 맛을 그대로 느낄 수 있다. 마카롤도 르 쁘띠 푸의 특색 있는 메뉴 중 하나다. 마카롱 시트를 크게 만들어 돌돌 말아 롤케이크처럼 만든 마카롤은 한입에 끝나 항상 허전했던 마카롱의 아쉬움을 달래준다. 그 외에 10가지 종류가 넘는 마카롱, 케이크, 에클레어, 타르트 등도 있다.

Check Point

- 미리 예약하면 케이크 안에 메시지를 넣거나 새로운 디자인의 케이크를 주문할 수 있다.

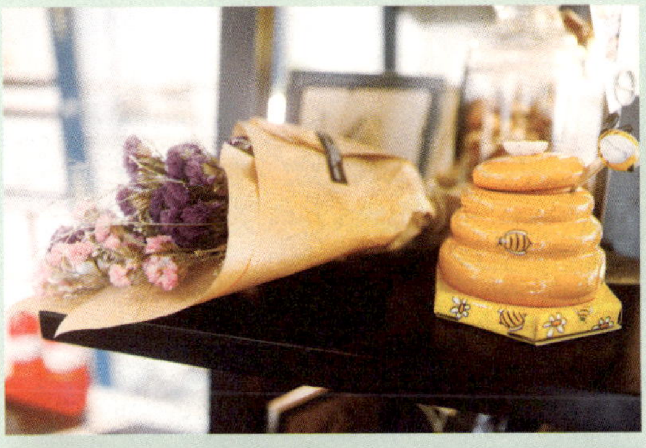

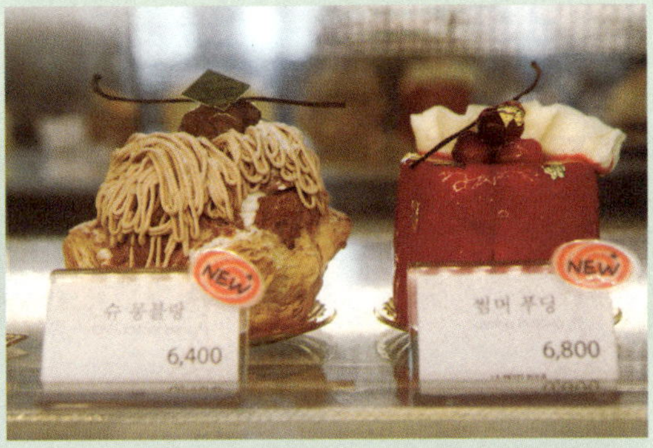
NEW
6,400
NEW
6,800

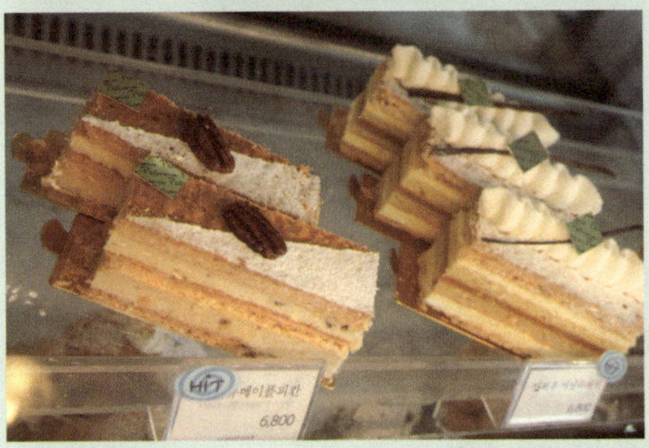
HIT
6,800

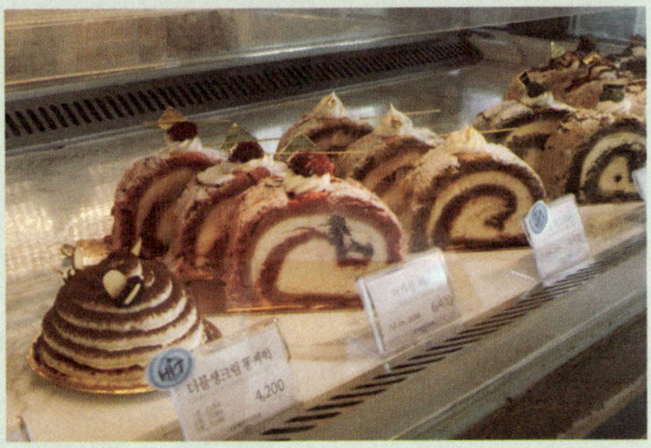
HIT
4,200

CAFE
LE PETIT FOUR
Paris

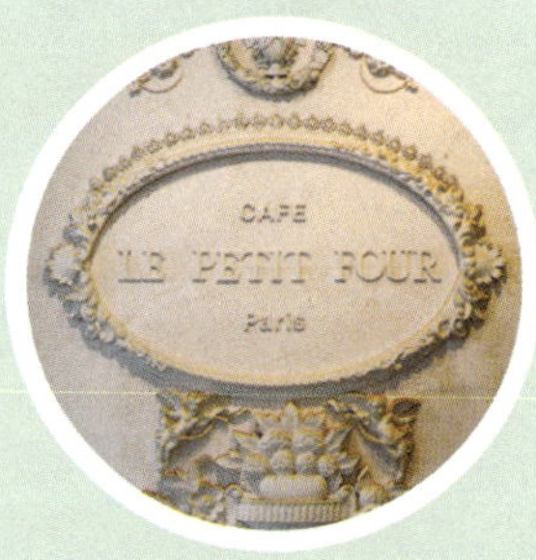

더블생크림 똥 케이크

고소한 향이 가득한 헤이즐넛 다쿠아즈 시트에 새콤달콤한 파인애플 잼을 바르고
진한 더블생크림을 올렸다. 아몬드와 건포도로 만든 파리 장식은 이 케이크의 포인트다.

헤이즐넛 다쿠아즈 달걀흰자 8개 분량, 헤이즐넛 가루 200g, 슈거파우더 200g, 설탕 60g, 다진 헤이즐넛 100g, 저민 아몬드 50g, 주석산 2g
파인애플 잼 파인애플 1개, 설탕 150g, 바닐라 빈 1/4개, 펙틴 50mL
* 펙틴은 젤리나 잼을 만들 때 쓰이는 응고제로 광택이 있어요.
더블생크림 설탕 30g, 생크림 300mL, 럼 20mL
케이크용 시럽 설탕 25g, 물 50mL
장식 코코아파우더 · 건포도 · 아몬드 적당량씩, 녹인 화이트 초콜릿 조금

다쿠아즈 만들기

1 가루 재료 체에 내리기 슈거파우더와 헤이즐넛 가루를 체 친다.

2 머랭 만들기 볼에 달걀흰자, 주석산을 넣고 거품을 낸 뒤 설탕을 두 세 번에 나눠 넣어 거품을 단단하게 만든다.

3 머랭·가루 섞기 머랭에 ①의 가루 재료를 넣고 거품이 꺼지지 않도록 조심스럽게 섞는다.

4 반죽 모양내기 팬에 유산지를 깔고 그 위에 30×30cm 크기의 사각 무스틀을 올린 다음 반죽을 2mm 정도로 채운다.

5 오븐에 굽기 반죽 위에 다진 헤이즐넛과 저민 아몬드, 슈거파우더의 순으로 뿌린 후 170℃로 예열한 오븐에서 20분간 굽는다.

파인애플 잼 만들기

1 파인애플·설탕·펙틴 끓이기 파인애플을 살만 믹서에 곱게 갈아서 설탕, 펙틴과 함께 끓인다.

2 바닐라 빈 넣어 끓이기 잼이 끓기 시작하면 중간 불로 줄이고 바닐라 빈을 넣어 갈색으로 변하고 걸쭉해질 때까지 끓인다.

더블생크림 만들기

생크림·럼주 섞기 생크림과 설탕을 볼에 담고 섞어 거품 낸 뒤 럼을 넣고 냉장고에서 하루 정도 숙성시킨다.

* 얼음물을 담은 그릇 위에 볼을 올려 놓고 거품을 내면 거품이 단단해져요.

마무리하기

1 다쿠아즈 틀에 찍기 다쿠아즈를 지름 8cm의 둥근 쿠키 틀로 찍어 낸 뒤 케이크용 시럽을 바른다.

  * 시럽은 물 50mL와 설탕 25g을 넣고 설탕이 녹을 때까지 끓여 만드세요.

2 더블생크림 짜 올리기 ①의 다쿠아즈에 파인애플 잼을 펴 바른 다음 더블생크림을 짤주머니에 담아 나선형으로 짜 올린다.

3 장식하기 코코아파우더를 뿌리고, 건포도와 아몬드로 장식한다.

다쿠아즈 만들기

마무리하기

슈 몽블랑

바삭한 파이와 폭신한 슈의 만남. 달콤한 밤 크림과 바닐라 샹티가 안에 가득 들어 있어
부드러운 맛을 더한다. 슈 안에 숨어 있는 꼬마 밤을 찾아보는 것도 슈 몽블랑의 재미다.

재료 | 12개

푀이타주 강력분 125g, 박력분 125g, 버터 40g, 파이용 버터 185g, 물 125mL, 소금 5g
* 파이용 버터는 두께가 1cm 내외의 얇은 버터에요. 실온에 둬서 말랑해진 버터를 얇게 펴서 만들어요.
슈 물 125mL, 우유 125mL, 버터 125g, 강력분 150g, 달걀 5개, 설탕 10g, 소금 5g
밤 크림 우유 125mL, 생크림 50g, 바닐라 빈 1개, 설탕 40g, 달걀노른자 2개 분량, 옥수수 전분 8g, 판 젤라틴 2장, 밤 크림 90g,
　　　밤 페이스트 180g, 럼 12g, 버터 40g
바닐라 샹티 휘핑크림 150g, 바닐라 빈 적당량, 설탕 20g
장식 시럽에 재운 밤 12개, 바닐라 빈 12개, 슈거파우더 적당량

푀이타주 만들기

1 반죽하기 강력분과 박력분을 섞은 후 버터를 넣고 잘게 다져서 물, 소금을 넣고 반죽한 다음 비닐로 싸서 냉장고에 30분 정도 넣어둔다.

2 반죽 밀어 펴기 ①의 반죽으로 파이용 버터를 싸서 3절 접기를 해 밀어 편다. 이 과정을 4번 반복한다.

슈 만들기

1 물·우유 끓이기 냄비에 물, 우유, 소금, 설탕, 버터를 넣고 중간 불로 끓인 후, 체에 내린 강력분을 넣고 섞어 반죽한다.

2 달걀 섞기 ①을 냄비 바닥에 얇은 막이 들러붙을 때까지 저은 후, 볼에 옮겨 담고 달걀을 넣어 잘 섞는다.

밤 크림 만들기

1 크렘 앙글레즈 만들기 우유, 생크림, 바닐라 빈을 끓인 다음 달걀노른자, 설탕, 옥수수 전분을 넣고 찰기가 돌 때까지 거품기로 젓는다.

2 젤라틴·밤 페이스트 섞기 ①에 찬물에 불린 젤라틴을 섞은 후 식으면 밤 페이스트를 섞는다.

3 휴지시키기 럼과 버터를 넣어 섞고 냉장고에 하루 정도 숙성시킨다.

바닐라 샹티 만들기

휘핑하기 모든 재료를 섞고 휘핑한다.

마무리하기

1 푀이타주로 슈 감싸기 푀이타주를 7×7cm로 자른 후 밀대로 10×10cm 크기로 펴서 가운데 슈 반죽을 올린 후 감싼다.

2 오븐에 굽기 ①을 180℃로 예열한 오븐에서 40분 정도 굽는다.

3 크림 채우기 ②가 식으면 윗부분을 칼로 잘라내 밤 크림을 2/3까지 채운 후, 시럽에 재운 밤을 넣고 바닐라 샹티로 나머지를 채운다.

4 장식하기 자른 부위를 덮고 그 위에 밤 크림을 짜준 후 슈거파우더와 밤, 바닐라 빈으로 장식한다.

밤크림 만들기

마무리하기

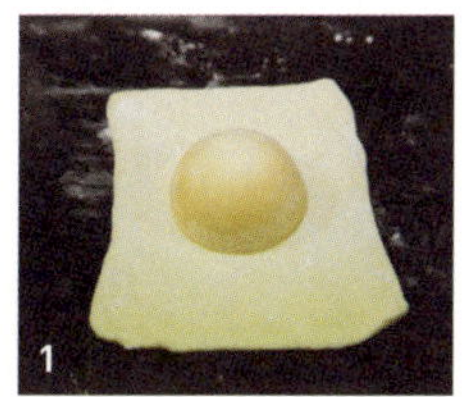

Tip • 푀이타주란…

푀이타주(Feuilletage)는 '나뭇잎'이라는 뜻의 프랑스어로 밀가루 반죽에 버터를 넣고 접어 겹겹이 층을 낸 페이스트리를 말한다.

캐러멜 크렘 브륄레

구운 커스터드 크림 위에 바삭한 캐러멜 슈거 층을 톡톡 깨트려 먹는 재미있는 디저트.
커스터드에 직접 만든 캐러멜을 섞어 더 깊은 풍미를 느낄 수 있다.

재료 | 4개

황설탕 120g, 바닐라 빈 1개, 우유 375mL, 생크림 75mL, 달걀노른자 8개 분량, 소금 3g

1 **캐러멜 만들기** 냄비에 황설탕과 바닐라 빈을 넣고 캐러멜화한다.
  *뜨거운 수증기에 화상을 입을 수 있으니 주의하세요.

2 **우유·생크림 섞기** 데운 우유와 생크림을 ①에 넣어 거품기로 섞은
  후 체에 거른다.
  * 우유와 생크림을 넣을 경우 끓어 넘칠 수 있으니 큰 냄비를 준비하세요.

3 **달걀노른자 섞기** 달걀노른자를 거품기로 푼 후 ②와 소금을 넣고 섞
  는다.

4 **휴지시키기** 잘 섞은 반죽을 냉장고에 하루 정도 숙성시킨다.

5 **오븐에 굽기** 숙성시킨 반죽을 볼에 140g씩 담고 100℃로 예열한 오
  븐에서 70분간 구운 후 식힌다.

6 **냉장고에서 식히기** 완전히 식은 캐러멜 크림을 최소 2시간 이상 냉장
  고에 넣어 보관한다.

7 **토치로 굽기** 먹기 전에 위에 물을 한 번 뿌린 후 황설탕을 뿌리고 토
  치로 캐러멜화한다.

Tip • 토치 사용법

토치는 부탄가스를 활용하는 휴대용 점화
기다. 일반적으로 숯불에 불을 붙일 때 사
용하지만 요리할 때도 자주 사용한다. 토
치를 사용할 때는 토치의 조절 손잡이가
완전히 닫혀 있는지 확인하고 토치와 부
탄가스의 홈을 잘 맞춰 단단히 결합시킨
다. 그리고 라이터 불을 켠 후 토치의 손
잡이를 조절해서 불을 붙이면 된다. 요즘
은 라이터-토치 일체형이 있어 더 쉽고
안전하게 불을 붙일 수 있다.

라 쎌틱

Menu

사과 크레이프 7,500	바나냐 크레이프 7,000
블루베리 소스 크레이프 7,000	망고 오 레 5,000
커스터드 크림 푸딩 4,000	시드르 5,000~10,000

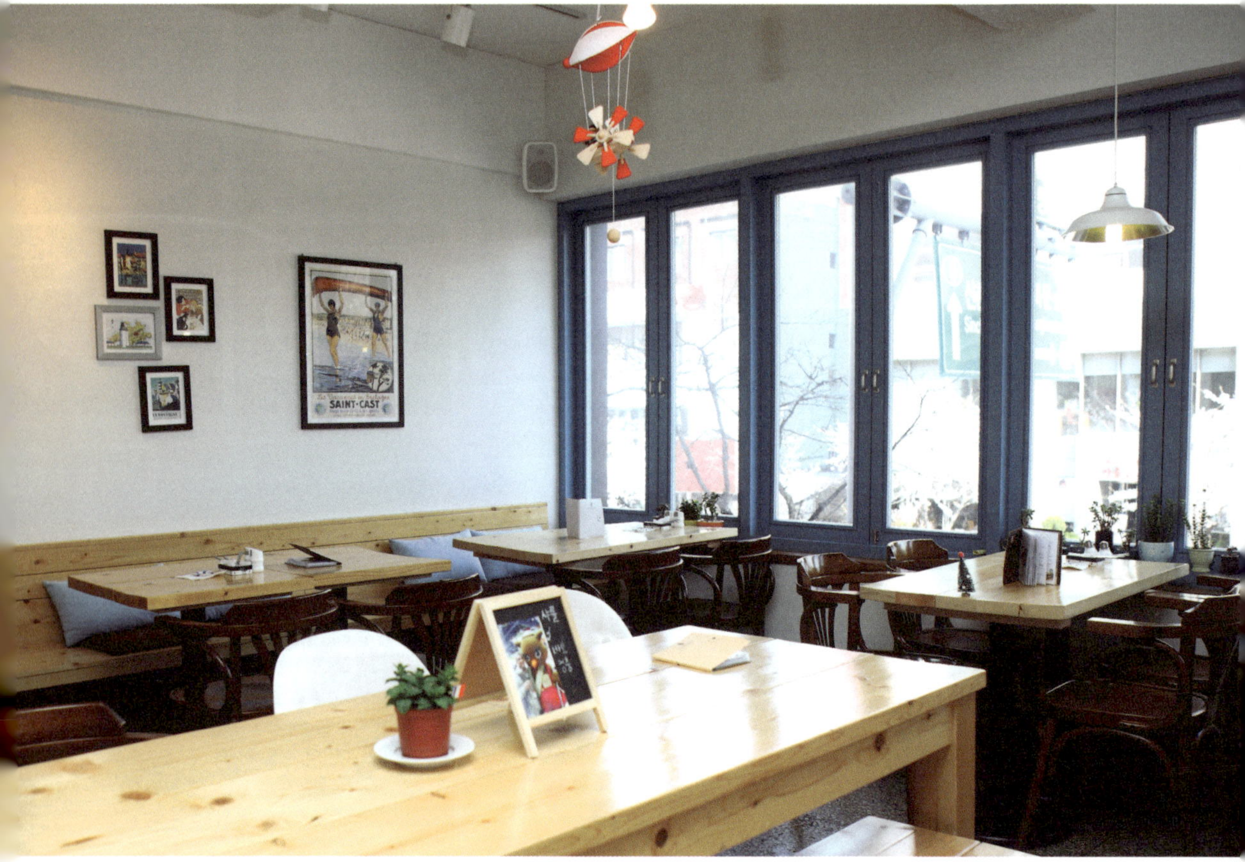

프랑스 브르타뉴식 크레이프와 인테리어

'켈트족의 문화'라는 뜻의 라 쎌틱. 라 쎌틱은 켈트족의 문화가 남아 있는 프랑스 브르타뉴 지방의 전통음식인 크레이프 전문점이다. 프랑스 국립 제빵제과학교 출신 셰프이자 주인인 뒤발 샤를 씨의 고향이 바로 브르타뉴라고 한다. 우리나라의 활성화된 카페 문화에 반해 프랑스 국립 제빵제과학교에서 만난 동료와 함께 카페를 차렸다. 우리말이 서툴지만 직접 주문도 받고, 손님들과 대화를 나누기도 한다

프랑스에서 크레이프는 일상적이고 소박한 전통음식이다. 라 쎌틱에서는 반죽을 아주 얇게 만드는 것이 특징인 프랑스 브르타뉴식 크레이프를 선보인다.

라 쎌틱에 들어서면 시원한 느낌을 주는 하늘색 창문이 눈에 띈다. 브르타뉴 지방을 상징하는 깃발과 바다를 연상시키는 등대 모형, 튜브 모양 냅킨홀더 등의 소품은 바닷가 지역인 브르타뉴의 특색이 물씬 풍긴다. 벽면에 브르타뉴의 풍경을 담은 사진과 그림이 걸려 있어 이국적이다.

한쪽에 있는 오픈 키친에서는 셰프가 요리를 만드는 모습을 지켜볼 수 있다. 주방 위쪽에는 잔과 요리도구가 걸려 있고 앞에는 음료수 병이 나열되어 있어 세련되면서 경쾌한 느낌이 난다.

Information

문의 02-312-7774
주소 서울시 서대문구 창천동 5-10
찾아가는 길 지하철 2호선 신촌역 3번 출구에서 기차역 방면으로 500m
영업시간 pm 12:00~10:00 / 월요일 · 명절 휴무

고소한 식사용 크레이프와 달콤한 디저트용 크레이프

라 쎌틱의 크레이프는 반죽 재료에 따라 식사용과 디저트용으로 나뉜다. 식사용은 고소한 메밀가루를 넣고, 디저트용은 밀가루를 쓴다. 식사용 크레이프는 고소하고 짭짤한 맛이 나는 반면 디저트용 크레이프는 셰프가 직접 만든 소스를 뿌려 달콤하다. 사과 발효주 시드르나 사과 주스를 크레이프와 함께 먹으면 느끼하지 않고 입안이 깔끔하게 정리되어 맛이 더 좋다.

디저트용 크레이프는 3가지 종류가 있다. 라 쎌틱의 대표 메뉴인 사과 크레이프는 맛이 깔끔하고 산뜻하다. 크레이프 반죽 자체가 담백하고 쫀득하면서 느끼하지 않다. 캐러멜로 조린 사과는 아삭아삭한 맛이 살아 있다. 블루베리 크레이프는 셰프가 직접 만든 블루베리 소스가 함께 나온다. 버터에 구운 달콤한 바나나와 캐러멜 시럽, 생크림, 호두, 아이스크림을 토핑으로 얹은 바나나 크레이프도 인기 있다.

프랑스어로 파 브르통이라고 하는 커스터드 크림 푸딩은 커스터드 크림에 말린 자두인 프룬을 넣고 구운 프랑스의 전통 디저트다. 프랑스에서는 남부지방으로 갈수록 커스터드 크림 푸딩을 묽게 만드는데, 라 쎌틱은 브르타뉴 지방의 전통방식에 따라 쫀득한 맛을 살려 만든다. 망고 얼음과 우유가 들어간 망고 오 레도 맛볼 수 있다.

Check Point

• 주차는 카페 앞 공영 주차장을 이용하면 된다.

사과 크레이프

사과와 생크림, 아이스크림이 푸짐하게 올라간 크레이프. 고소한 크레이프와 시나몬 향이
은은하게 감도는 사과가 잘 어울린다. 사과 발효주인 시드르를 곁들이면 금상첨화다.

재료 | 5장(지름 40cm분)

크레이프 달걀 1개, 박력분 100g, 설탕 60g, 우유 20mL, 녹인 버터 · 식용유 조금씩
장식 사과 2½개, 버터 20g, 바닐라 아이스크림 5스쿠프, 거품 낸 생크림 · 캐러멜 크림 · 저민 아몬드 적당량씩, 계핏가루 조금

크레이프 만들기

1 반죽하기 볼에 달걀, 박력분, 설탕, 우유를 넣고 거품기로 덩어리지지 않게 섞어 반죽한다.

2 얇게 펼쳐 굽기 달군 팬에 붓으로 식용유를 바른 다음 반죽을 한 국 자 떠 놓고 원형을 그리며 얇게 펼쳐 한쪽 면을 굽는다.

3 모양 접기 윗면까지 살짝 익으면 녹인 버터를 붓으로 펴 바르고 3등분 으로 접은 다음 접시에 담는다.

장식하기

1 사과 굽기 사과는 껍질을 벗기고 썰어 버터에 살짝 구운 다음 계핏가 루를 뿌린다.

2 사과 · 생크림 · 아이스크림 올리기 크레이프에 구운 사과를 올리고 거 품 낸 생크림, 바닐라 아이스크림을 얹는다.

3 캐러멜 크림 뿌리기 캐러멜 크림을 뿌리고 저민 아몬드를 올린 뒤 계 핏가루를 살짝 뿌린다.

* 캐러멜 크림 대신 캐러멜 시럽을 뿌려도 좋아요.

크레이프 만들기

장식하기

Tip • 캐러멜 시럽 만들기

냄비에 설탕과 물을 같은 분량으로 넣고 약한 불에서 서서히 설탕을 녹인다. 물이 보글보글 끓다가 가장자리부터 거품이 나 기 시작하면 불을 줄이고, 약간 짙은 갈색 이 나면 불에서 내려 서서히 식힌다.

블루베리 소스 크레이프

블루베리로 만든 소스와 생크림, 아이스크림을 얹은 블루베리 소스 크레이프.
블루베리의 새콤달콤함과 생크림의 부드러운 맛을 동시에 느낄 수 있다.

재료 | 5장(지름 40cm분)

크레이프 달걀 1개, 박력분 100g, 설탕 60g, 우유 20mL, 녹인 버터 · 식용유 조금씩
블루베리 소스 블루베리 50g, 설탕 25g
장식 바닐라 아이스크림 5스쿠프, 거품 낸 생크림 적당량

크레이프 만들기

1 반죽하기 볼에 달걀, 박력분, 설탕, 우유를 넣고 거품기로 덩어리지지 않게 섞어 반죽한다.

2 얇게 펼쳐 굽기 달군 팬에 붓으로 식용유를 바른 다음 반죽을 한 국자 떠 놓고 원형을 그리며 얇게 펼쳐 한쪽 면을 굽는다.

3 접시에 담기 윗면까지 살짝 익으면 붓으로 녹인 버터를 펴 바르고 네모난 모양으로 접어 접시에 담는다.

블루베리 소스 만들기

블루베리 · 설탕 끓이기 냄비에 블루베리와 설탕을 넣고 설탕이 녹을 때까지 끓여서 식힌 후 냉장고에 둔다.

장식하기

1 아이스크림 · 생크림 올리기 크레이프에 바닐라 아이스크림과 거품 낸 생크림을 올린다.

2 블루베리 소스 곁들이기 블루베리 소스를 작은 그릇에 담아 크레이프와 함께 낸다.

크레이프 만들기

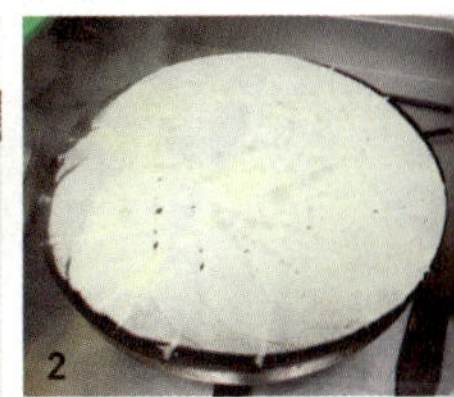

Tip • 크레이프로 딸기 케이크 만들기

크레이프를 얇게 여러 장 부친 다음 크레이프 위에 거품 낸 생크림을 펴 바르고 딸기를 저며 썰어 올린다. 이 과정을 여러 번 반복해 층을 쌓아 올리면 딸기 크레이프 케이크 완성. 키위나 바나나 등의 과일을 작게 썰어 올려도 좋다.

커스터드 크림 푸딩

커스터드 크림에 새콤한 말린 자두를 잘라 넣고 구운 디저트. 브르타뉴 지방에서는 커스터드 크림 푸딩을
쫄깃하게 만드는데, 만들어서 하루 정도 두면 더욱 쫄깃해진다. 크렘 앙글레즈를 곁들이면 맛이 좋다.

재료 | 1개(지름 18cm분)

달걀 4개, 박력분 110g, 설탕 100g, 버터 80g, 우유 500mL(200mL+300mL), 말린 자두 7~8개,
녹인 버터·박력분 조금씩, 크렘 앙글레즈 적당량

밑준비하기

틀 준비하기 지름 18cm의 둥근 틀 안에 녹인 버터를 붓으로 바르고 바
닥에 밀가루를 살짝 뿌린다.

* 틀에 버터를 칠하면 반죽을 떼기 쉬워요.

커스터드 크림 반죽하기

1 우유·버터 데우기 냄비에 우유 200mL와 버터를 넣고 버터가 녹을
때까지 주걱으로 저으면서 데운다.

2 반죽하기 볼에 달걀, 박력분, 설탕, 우유 300mL를 담고 거품기로 덩어
리지지 않게 섞어 반죽한 다음 ②를 섞는다.

틀에 부어서 굽기

1 틀에 반죽 붓기 ③의 반죽을 틀에 부은 다음 말린 자두를 잘게 썰어
넣는다.

* 건포도를 넣어도 좋아요.

2 오븐에 굽기 180℃로 예열한 오븐에서 30분간 굽는다.

접시에 담기

크렘 앙글레즈 뿌리기 크렘 앙글레즈를 접시에 뿌리고 그 위에 구운 커
스터드 크림 푸딩을 올린다.

커스터드 크림 반죽하기

틀에 부어서 굽기

Tip • 크렘 앙글레즈란…

달걀노른자와 설탕, 우유, 바닐라 빈으로
만든 크림으로 버터와 옥수수 전분이 들
어가지 않아 농도가 묽다. 데우거나 차게
해서 케이크 등의 디저트와 과일 위에 뿌
려 먹는다.

끌라시끄 쇼콜라티에

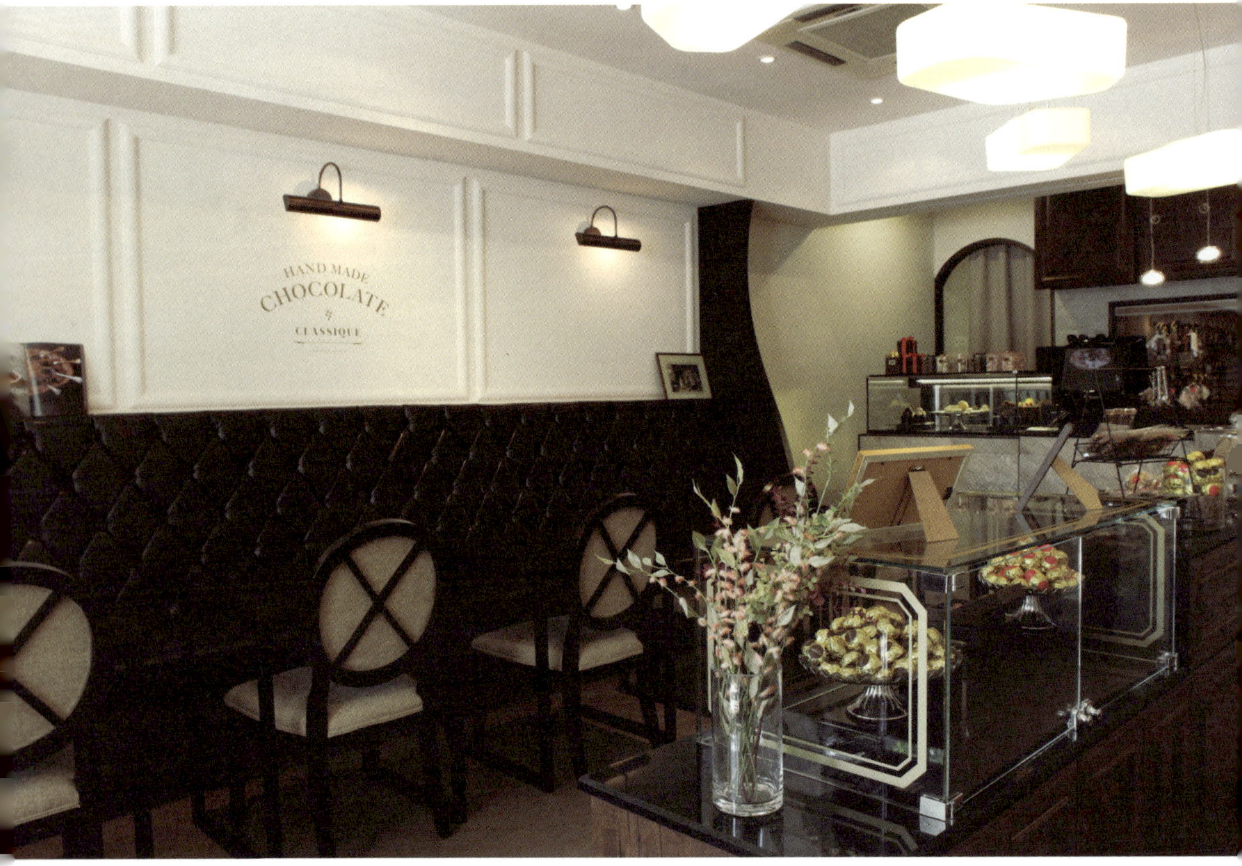

CLASSIQUE
CHOCOLATIER

Menu

핫코코 5,000	코코 클래식 1,800
마스카르포네 핫코코 5,000	코코 로셰 3,000
프렌치 트뤼플 1,800	솔티 로셰 3,000
코코 프로마주 4,500	코코 노아 2,800
라 폼므 4,200	

달콤한 분위기가 매력적인 초콜릿 카페

끌라시끄 쇼콜라티에는 정자동에 초콜릿 아틀리에를 운영하던 정다운 대표가 2014년에 오픈한 초콜릿 카페다. 초콜릿을 즐기는 사람들이 늘어나고 좀 더 고급스러운 맛을 찾는 사람들이 생겨나면서 끌라시끄 쇼콜라티에가 주목받게 되었고 입소문이 나면서 유명해졌다.

끌라시끄 쇼콜라티에에 들어서면 마치 헨젤과 그레텔의 과자집처럼 초콜릿으로 만든 카페에 온 듯한 느낌을 받는다. 원목가구들의 색이 다크 초콜릿과 밀크 초콜릿의 따뜻한 색과 닮아 끌라시끄와 잘 어울린다.

매장 중앙에 있는 조그마한 쇼케이스에는 로셰 초콜릿이 산더미처럼 쌓여 있다. 시중에서 판매하는 로셰 초콜릿과 거의 흡사한 모양이지만 끌라시끄만의 레시피와 포장 덕분에 더 특별해 보인다. 카페 곳곳에는 끌라시끄에서 직접 만든 제품들이 예쁘게 진열되어 있어 구매 욕구를 높인다. 난생 처음 보는 초콜릿이 한가득이라 자기도 모르게 호기심 반 설렘 반으로 주문하게 된다.

프랑스 카페를 재현하고 싶다는 주인의 바람대로 카페 내부는 클래식한 유럽의 분위기로 꾸며져 있다. 한쪽 벽에는 프로젝터로 조용한 영화가 상영되고 있고, 잔잔한 프랑스 음악도 흘러나와 마치 프랑스 카페에 와 있는 기분이 든다.

정다운 대표는 프랑스의 명문 요리학교 에콜 리츠 에스코피에(Ecole ritz escoffier)를 나와 프랑스 리치 호텔에서 근무한 경력이 있다. 이때의 경험을 바탕으로 엄선된 좋은 재료만을 사용해 초콜릿을 만들고 있어 수제 초콜릿 특유의 섬세하고 고급스러운 맛을 느낄 수 있다.

Information

문의 031-719-1191
주소 경기도 분당구 정자동 174-1 스타파크 상가 D-04
찾아가는 길 신분당선 정자역 3번 출구에서 네이버 그린팩토리 방향으로 930m
영업시간 am 10:00~pm 10:30 / 일요일 am 10:00~pm 09:00

독특한 초콜릿으로 발길을 끄는 끌라시끄 쇼콜라티에

끌라시끄 쇼콜라티에에서는 트뤼플 초콜릿과 초콜릿 음료인 핫코코가 가장 인기 있지만 치즈 초콜릿 코코 프로마주도 빼놓을 수 없다. 코코 프로마주는 치즈와 레몬, 화이트초콜릿이 조화롭게 어우러져 부드러운 맛이 일품이다. 직접 개발한 사과 초콜릿 라 폼므 역시 인기 메뉴로 사과를 조리고 화이트 초콜릿을 입혀 말캉한 식감과 어우러진 새콤달콤한 맛이 인상적이다.

핫코코는 진한 풍미의 리얼 다크 초콜릿에 크림을 올려 달콤함과 부드러움을 동시에 느낄 수 있는 것이 특징이다. 인스턴트 코코아파우더가 아니라 100% 카카오 버터가 함유된 고급 초콜릿만을 사용하여 만든 리얼 초콜릿으로 가장 인기가 많은 음료다.

마스카르포네 핫코코는 핫코코에 마스카르포네 치즈를 녹여 넣은 음료다. 진한 다크 초콜릿과 부드러운 마스카르포네가 어우러져 깊은 맛을 내는데, 프랑스 유명 카페 앙젤리나에서 파는 초콜릿 음료 레시피를 정다운 대표가 연구해서 만들었다.

이곳의 초콜릿은 보존제나 첨가물을 넣지 않아 유통기한이 짧은 편이다. 생초콜릿의 경우는 2주 안에 먹는 것이 좋으며 냉동실에 넣으면 한 달 동안 보관할 수 있다. 로셰나 바 형태의 초콜릿은 한 달 안에 먹는 것이 좋다.

Check Point

- 밸런타인데이, 화이트데이, 크리스마스 같은 기념일에는 특별한 초콜릿을 한정 판매한다.

프렌치 트뤼플

세계 3대 진미 중 하나인 송로버섯(truffle)을 닮아서 트뤼플이라 불리는 초콜릿. 부드럽고 달콤해서 남녀노소 가리지 않고 모두 즐길 수 있다. 간단하게 만들 수 있는 데 반해, 맛, 향, 감촉이 굉장히 좋아서 선물용으로 좋다.

재료 | 30~40개

트뤼플 다크 초콜릿 290g, 버터 40g, 생크림 180g, 설탕 45g, 골드 럼 10g
초콜릿 코팅 다크 초콜릿 적당량, 코코아파우더 적당량

1 **생크림 끓이기** 생크림에 설탕을 넣고 한 번 끓어오를 정도로 끓인다.

2 **초콜릿 녹이기** 다크 초콜릿을 중탕으로 녹인다.

3 **초콜릿·생크림 섞기** ②에 ①의 생크림을 조금씩 나눠 넣으며 섞는다.

4 **버터·럼 섞기** ③에 실온에 둔 버터를 넣고 섞다가 럼을 넣고 마저 섞
는다.

5 **휴지시키기** 실온 또는 냉장고에서 짤주머니에 넣어 짤 수 있을 정도
의 농도가 될 때까지 휴지시킨다.

6 **틀에 짜기** 원형 깍지를 끼운 짤주머니에 반죽을 담아 유산지를 깐 팬
위에 한입 크기로 동그랗게 짠다.

7 **초콜릿 굳히기** 냉장고 또는 18~25℃의 시원한 곳에서 하루 정도 두어
굳힌다.

8 **초콜릿 코팅하기** 굳힌 초콜릿을 31~32℃로 템퍼링한 다크 초콜릿으로
코팅한다.

  * 템퍼링은 초콜릿을 45℃로 녹였다가 27℃까지 냉각시키고 다시 32℃까지 온도를 높이
  는 작업이에요.

9 **코코아파우더 묻히기** 코팅된 초콜릿을 코코아파우더 위에 굴려 골고
루 묻힌다.

마스카르포네 핫코코

마스카르포네 치즈를 넣어 더욱 깊은 풍미를 자랑하는 진한 핫 초콜릿. 프랑스 파리의 유명 카페인
앙젤리나에서 파는 쇼콜라쇼 스타일의 음료로 한번 맛보면 절대 잊을 수 없는 맛을 자랑한다.

재료 | 3인분(500mL)

핫 초콜릿 다크 초콜릿 120g, 우유 300mL, 마스카르포네 치즈 40g, 럼 10g, 소금 조금
장식 우유 조금, 코코아파우더 적당량, 초콜릿 조각 적당량

초콜릿 · 치즈 녹이기

1 초콜릿 녹이기 다크 초콜릿을 중탕으로 녹인다.

2 치즈 녹이기 마스카르포네 치즈를 용기에 담아 전자레인지에서 1~2분
간 돌려 녹인다.

  * 전자레인지에서 치즈를 너무 오래 돌리면 탈 수도 있으니 잘 지켜봐야 해요.

재료 섞기

1 우유 · 마스카르포네 치즈 섞기 데운 우유와 녹인 마스카르포네 치즈,
소금을 고무 주걱으로 잘 섞는다.

2 초콜릿 섞기 ①에 녹인 초콜릿을 두세 번 나눠 넣으며 거품기로 섞는다.

3 럼 섞기 ②에 럼을 넣고 핸드 블렌더로 잘 섞는다.

  * 럼 대신에 브랜디나 셰리, 리큐르를 넣어도 풍미가 좋아져요. 입맛에 따라 원하는 술을
    넣어보세요.

마무리하기

1 체로 거르기 완성된 음료를 고운체에 거른다.

2 우유 거품 만들기 60~70℃로 데운 우유의 1/4이 거품이 될 때까지 핸
드믹서로 젓는다.

  * 핸드믹서가 없어도 간단한 재료만 있으면 집에서도 우유 거품을 만들 수 있어요. 알루
    미늄 포일을 구겨 지름 1cm의 공 2개를 만들어 페트병에 넣으면 돼요. 여기에 데운 우
    유를 조금 붓고 30초간 흔들면 우유 거품이 만들어져요.

3 장식하기 완성된 음료 위에 우유 거품과 코코아파우더, 초콜릿 조각
을 올린다.

초콜릿 · 치즈 녹이기

재료 섞기

마무리하기

Tip • 마스카르포네 치즈란…

이탈리아 롬바르디 지방에서 처음 만든
치즈로 아이보리 색을 띠는 크림 형태의
치즈다. 다른 치즈처럼 짜거나 자극적인
맛이 아니라 부드러운 촉감과 은은한 단
맛이 잘 어우러져 과일과 함께 먹거나 디
저트에 자주 사용된다.

레미니스 케이크

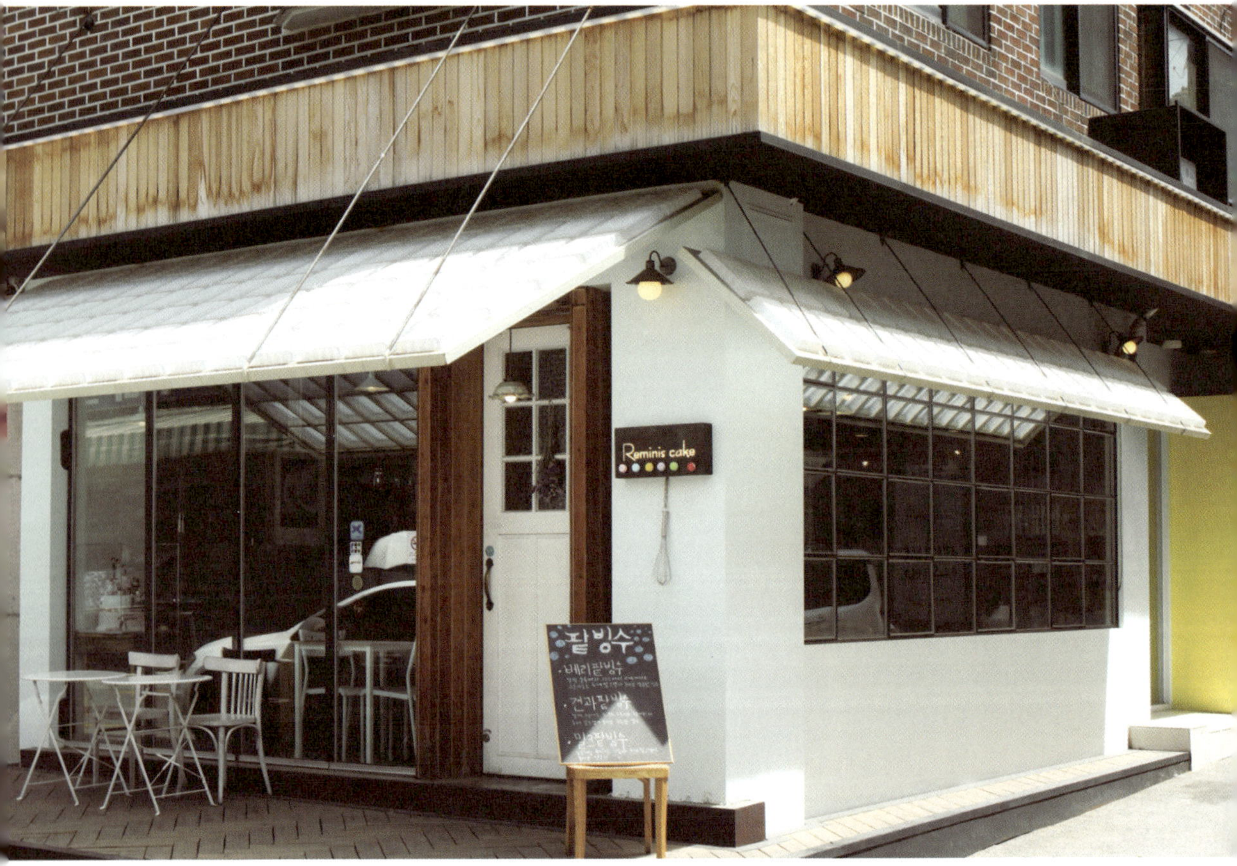

REMINIS CAKE

Menu

코코넛 무스케이크 5,500	딸기 쇼트케이크 5,500
흑임자 무스케이크 6,000	녹차 티라미수 5,000
홍차 롤케이크 5,000	티라미수 5,000
홍차 치즈케이크 5,000	딸기 타르트 6,000
밀크 팥빙수 10,000	마카롱 2,000

여유롭고 친근한 분위기가 인상적인 카페

고즈넉한 북촌 한옥마을 입구에 자리한 레미니스 케이크는 프랑스 전통 제과기법으로 만든 수제 케이크를 맛볼 수 있는 곳이다. 오너셰프인 구도회 대표는 2009년에 레미니스 케이크를 오픈하여 쿠킹스튜디오만 있던 가게를 확장하고 카페를 만들어 오랫동안 인기를 얻고 있다.

레미니스 케이크는 추억한다는 뜻을 가진 영어 'Reminisce'에서 따온 이름으로 소중한 추억을 담아 오래도록 기억에 남는 특별한 케이크를 만든다는 의미로 지었다. 특별하면서도 누구에게나 친근하고 편안하게 다가갈 수 있는 케이크를 만드는 것이 레미니스 케이크의 목표다.

레미니스 케이크의 첫인상은 굉장히 아늑하다. 하얗게 칠한 깨끗한 느낌의 외관과 통유리로 되어 있는 외벽은 지나가는 사람들의 눈길을 사로잡는다. 보랏빛 꽃이 걸려 있는 문을 열고 들어서면 생각보다 넓은 내부에 깜짝 놀라게 된다. 나무를 사용한 인테리어는 따뜻한 느낌을 준다. 통유리로 된 창 너머로 북촌 한옥마을의 골목길을 바라보며 케이크를 맛볼 수 있다는 장점도 있다.

케이크를 주문하면 단아한 도자기 접시에 음식이 담겨 나와 이색적이다. 차를 주문할 때는 샘플의 향을 직접 맡아보고 고를 수 있다. 조그만 인형 같은 소품들이 아기자기한 분위기를 자아내 여자들끼리 모여 수다를 떨기에도 좋은 곳이다.

카페 곳곳에는 정성스럽게 만든 슈거크래프트 작품도 진열돼 있다. 레미니스 케이크에서는 슈거크래프트 케이크를 예약 주문할 수 있고 정기적으로 베이킹클래스도 진행된다.

Information

문의 02-3675-0406
주소 서울특별시 종로구 계동 120-1
찾아가는 길 3호선 안국역 3번 출구에서 현대사옥 골목으로 좌회전 후 300m
영업시간 am 11:00~pm 10:00 / 일요일 am 12:00~pm 8:00 / 명절 휴무

espresso
아메리카노
americano   3.5 4.0
카페라떼
cafe latte   4.0 4.5
카푸치노
cappuccino   4.5 5.0
바닐라라떼
Vanilla latte   4.5 5.0
카페모카
Cafe Mocha   4.5 5.0
캐러멜 마끼아또   4.5 5.0
Caramel Macciato

Drink
트리플 A (석류+크랜베리+다즐링) 5.0
그린애플티 (애플+다즐링)

초콜
Chocolate latte
그린티라떼   4.5 5.0
Greentea latte

MARIAGE FRERES

마르코 폴로   6.5 7.0
Marco Polo

웨딩 임페리얼   6.5 7.0
Wedding Imperial
에스프리드 노엘   6.5 7.0
ESPRIT DE NOEL

Peppermint Rooibos   6.0 6.5
탠저린 진저
Tangerine Ginger   6.0 6.5

TAVALON
세러니티
Serenity   5.5 6.0
써머 후르츠
Summer fruits   5.5 6.0
망고 메랑
Mango Melange   5.5 6.0
AHMAD
얼그레이
Earl grey   5.0 5.5
다즐링
Darjeeling   5.0 5.5
아쌈
assam   5.0 5.5

천연재료로 만들어 맛과 건강을 챙긴 디저트

레미니스 케이크의 모든 메뉴는 유기농 밀가루를 사용하고 첨가제는 일절 사용하지 않는 건강한 디저트로 기본에 충실하게 만든다.

이곳의 인기 메뉴는 화이트 초콜릿이 올라간 감자 케이크와 홍차 치즈케이크다. 생크림과 화이트 초콜릿으로 만든 달콤한 크림이 듬뿍 들어 있는 홍차 롤케이크는 폭신폭신한 빵과 진한 홍차 향이 일품이다.

흑임자가 가득 들어 있어 톡톡 터지는 재미가 있는 흑임자 무스케이크, 은은한 코코넛 향과 바삭하게 씹히는 촉감이 매력적인 코코넛 무스케이크도 인기 메뉴다.

그 밖에도 미숫가루, 로즈, 라즈베리, 녹차, 요거트, 얼그레이 등 다양한 맛의 마카롱과 여름에는 다양한 베리와 수제 밀크잼이 들어간 베리 팥빙수, 갖은 견과와 찰떡이 올라간 견과 팥빙수, 눈꽃처럼 부드러운 밀크 팥빙수도 만나볼 수 있다.

Check Point

- 매주 1회 베이킹클래스를 진행한다. 3~4인까지 신청 가능하며 초급, 중급, 상급 중 원하는 클래스를 들을 수 있다.

홍차 롤케이크

홍차 향이 진하게 나는 도톰한 롤케이크. 레미니스에서 가장 인기 있는 메뉴로 유기농 밀가루에 얼그레이와 생크림,
화이트 초콜릿 등을 넣어 만든 롤케이크다. 보기에는 단단하지만 입 안에 넣으면 부드럽게 사르르 녹는다.

재료 | 1개(10×30cm분)

재료 | 1개(10×30cm분)

시트 박력분 80g, 버터 80g, 달걀노른자 13개 분량, 달걀흰자 11개 분량, 설탕 180g, 얼그레이 잎 3g, 물 60mL, 얼그레이 가루 1작은술
크림 화이트 초콜릿 100g, 생크림 300g

시트 만들기

1 **차 우리기** 얼그레이 잎에 뜨거운 물을 넣고 우린다. 버터는 중탕한다.

2 **달걀노른자 거품 내기** 달걀노른자에 설탕 45g을 넣고 핸드믹서를 중
속으로 돌려 거품을 낸다.

3 **머랭 만들기** 설탕 45g을 여러 번 나눠 넣으며 핸드믹서로 머랭을 만
든다.

4 **달걀노른자·머랭 섞기** 머랭에 거품을 낸 달걀노른자의 절반을 넣고
주걱으로 섞다가 박력분, 얼그레이 가루, 설탕 45g을 넣고 섞는다. 충
분히 섞이면 남은 재료를 넣고 똑같은 방법으로 섞는다.

5 **버터·홍차 섞기** ①에서 중탕한 버터를 ④에 넣고 섞은 다음 홍차 우
린 물을 넣는다.

6 **오븐에 굽기** 팬 위에 유산지를 깔고 반죽을 스크래퍼로 편 다음
170℃로 예열한 오븐에서 10~15분간 구워 식힌다.

크림 만들기

생크림·초콜릿 섞기 생크림을 끓여서 화이트 초콜릿에 붓고 잘 섞는다.
식으면 휘핑해서 크림을 단단하게 만든다.

마무리하기

롤케이크 말기 시트 위에 크림을 발라 동그랗게 만다.

시트 만들기

Tip • 시트 마는 방법

시트 가운데에는 크림을 두툼하게 바르고
양 끝에는 크림을 조금만 발라서 말아야
크림이 새지 않는다. 시트를 말 때는 유산
지를 깔고 그 위에 시트를 올려 유산지와
시트를 함께 김밥 말듯이 돌돌 만다.

흑임자 무스케이크

고소한 흑임자가 톡톡 씹히는 케이크. 바삭한 다쿠아즈 시트 사이로 층층이 쌓은 흑임자 무스와
크렘 샹티는 담백하면서도 부드러워 나이가 많은 어른들도 부담 없이 먹을 수 있다.

재료 | 1개(지름 18cm분)
다쿠아즈 시트 달걀흰자 4개 분량, 설탕 72g, 백통아몬드 90g, 박력분 25g, 검은깨 15g, 생크림 24g, 바닐라 에센스 조금
커스터드 크림 달걀노른자 4개 분량, 설탕 20g, 박력분 4g, 강력분 4g, 전분 7g, 우유 126g, 바닐라 빈 1/4개, 무염버터 20g, 커피 에센스 4g
흑임자 무스 생크림 120g, 설탕 10g, 검은깨 20g, 젤라틴 분말 3g, 커피 에센스 적당량
검은깨 화이트 크렘 샹티 생크림 187g, 검은깨 6g, 화이트 초콜릿 50g

다쿠아즈 만들기

1 아몬드·검은깨 갈기 백통아몬드와 설탕 22g을 함께 갈다가 검은깨를 넣고 다시 간다.

2 머랭 섞기 달걀흰자에 설탕 50g을 넣고 섞어 머랭을 단단하게 만든 후 ①과 박력분을 넣고 섞는다.

3 오븐에 굽기 생크림과 바닐라 에센스를 넣고 섞은 후 180℃로 예열한 오븐에서 30분간 굽는다.

커스터드 크림 만들기

1 재료 섞기 달걀노른자에 설탕, 전분을 넣고 거품기로 푼다.

2 우유 넣기 ①에 살짝 끓인 우유를 넣고 섞는다.

3 크림 끓이기 주걱으로 밑이 타지 않도록 계속 저으면서 끓이다가 농도가 걸쭉해지면 버터를 넣은 뒤, 사각 팬에 넣고 완전히 식힌다.

흑임자 무스 만들기

1 생크림·검은깨 섞기 생크림에 설탕을 넣고 휘핑하면서 중간에 검은깨를 넣는다.

2 젤라틴·커피 에센스 섞기 완전히 식은 커스터드 크림에 젤라틴 분말을 녹여 섞은 후 커피 에센스를 넣는다.

3 생크림 섞기 ①과 ②를 섞는다.

크렘 샹티 만들기

생크림·초콜릿 섞기 데운 생크림을 초콜릿에 부어 중탕으로 녹인다. 함께 섞은 뒤 완전히 식혀 휘핑한다.

마무리하기

흑임자 무스·크렘 샹티 올리기 다 구워진 다쿠아즈 시트 위에 흑임자 무스 크림과 크렘 샹티를 올린다. 다쿠아즈 시트를 1장 더 준비해 위에 올려도 좋다.

다쿠아즈 만들기

커스터드 크림 만들기

Tip • 크렘 샹티란…

생크림에 거품을 나게 한 것으로 크렘 샹틸리(crème chantilly)라고도 한다. 생크림을 거품 낸 다음 크림이 조금 굳어지려고 할 때 설탕을 넣어 만든다.

코코넛 무스케이크

부드러운 코코넛 무스와 코코넛 향이 입안 가득 퍼지는 기분 좋은 케이크.
바삭바삭 씹히는 고소한 코코넛 과육과 초콜릿의 조화도 좋다.

시트 달걀노른자 4개 분량, 달걀흰자 4개 분량, 설탕 95g, 박력분 50g, 강력분 50g
시럽 물 50mL, 설탕 15g, 코코넛 리큐르 15g
코코넛 무스 코코넛 밀크 180g, 설탕 55g, 생크림 150g, 우유 90g, 판 젤라틴 3장, 코코넛 리큐르 15g, 바닐라 빈 1/2개
로셰 화이트 초콜릿 40g, 아몬드 프랄린 30g, 콘플레이크 22g, 코코넛 슬라이스 10g

* 로셰는 바위 모양 초콜릿이에요. 로셰는 프랑스어로 바위를 뜻해요.

시트 만들기

1 달걀노른자 휘핑하기 달걀노른자와 설탕 50g을 섞어 크림색이 날 때까지 휘핑한다.

2 머랭 만들기 달걀흰자에 설탕 45g을 부어 머랭을 만들고, ①과 섞은 후 밀가루를 넣어 반죽을 만든다.

3 오븐에 굽기 반죽을 틀에 올려 편 후 170℃로 예열한 오븐에서 15분 간 굽는다.

시럽 만들기

설탕·물 끓이기 설탕과 물을 섞어 끓인 후 리큐르를 넣고 식힌다.

코코넛 무스 만들기

1 생크림 거품 내기 생크림을 80% 정도까지 거품 내서 냉장고에 넣고 차갑게 식힌다.

2 코코넛 밀크·우유 끓이기 코코넛 밀크, 우유, 설탕, 바닐라 빈을 냄비에 넣고 80℃ 정도로 끓인 후 찬물에 불린 젤라틴을 넣고 거품기로 섞는다.

3 무스 식히기 ②를 볼째로 얼음물에 넣어 40℃까지 식힌 후 코코넛 리큐르를 넣는다. 10℃까지 내려가면 ①을 넣고 섞는다.

로셰 만들기

재료 섞기 초콜릿을 중탕해 녹인 후 모든 재료를 넣고 섞어서 16cm 크기 틀에 담아 편 후 냉동실에서 굳힌다.

마무리하기

시트·무스 올리기 지름 18cm 무스틀에 시트-무스-로셰-무스 순으로 넣고 냉동실에서 굳힌다. 이때 시트에 미리 만들어둔 시럽을 바른다.

시트 만들기

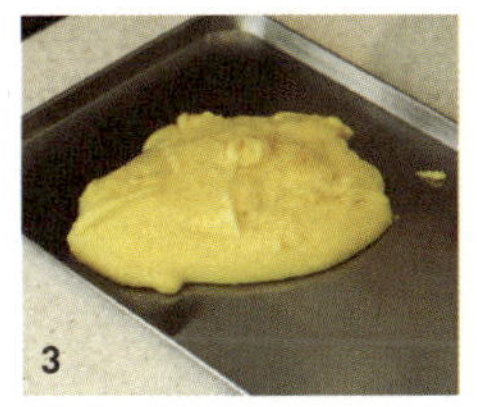

코코넛 무스 만들기

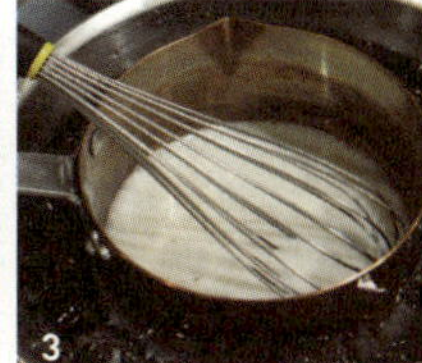

Tip • 거품 내기

레시피에서 80% 혹은 100%로 거품을 내라고 하는 경우가 있다. 거품기를 들어 올렸을 때 거품의 뿔이 우산 손잡이처럼 구부러지면 50~60%, 끝이 약간만 구부러지면 70~80%, 구부러지지 않고 꼿꼿하게 모양이 유지되면 100%다.

팥이재

Menu

엄마 빙수 8,000	아이언맨 주스 7,400
아빠 빙수 9,000	헐크 주스 7,400
엄마 컵빙수 5,000	토르 주스 7,400
생강 라테 5,000	스노화이트 주스 6,900
슈퍼맨 주스 6,900	신데렐라 주스 6,900
원더우먼 주스 6,900	

Illustrated by 조한울

여의도 직장인들의 쉼터

2013년 5월 여의도에 오픈한 팥이재는 엄마와 딸이 운영하는 공간이다. 엄마는 팥으로 빙수를 만들고, 딸은 싱싱한 과일과 채소로 히어로 주스를 만든다. 팥이재에는 대학원에서 인테리어를 전공한 엄마의 솜씨가 담겨 있다. 회색빛 벽과 바닥, 원목 테이블의 조화로 편안하고 세련된 느낌을 줘서 바쁜 직장인들이 많은 여의도에서 편하게 휴식을 취할 수 있는 아늑한 분위기를 연출한다.

쇼케이스에는 알록달록한 히어로 주스들이 진열되어 있다. 그날 만들어 그날 파는 히어로 주스는 이름 그대로 각 주스마다 슈퍼맨, 헐크, 토르 등 슈퍼히어로의 이름이 붙어 있어서 재미있다. 히어로뿐만 아니라 신데렐라와 백설공주 같은 공주들의 이름을 딴 주스도 있어서 즐거운 기분으로 원하는 주스를 골라 마실 수 있다.

타일로 된 벽에는 윤금숙 화가의 그림이 전시되어 있다. 가만히 바라만 보고 있어도 저절로 마음이 차분해지고 힐링되는 느낌이다. 윤금숙 화가가 직접 그려준 팥빙수 그림을 찾아보는 것도 이 집의 재미다.

개방형 주방에서는 모녀가 정성스럽게 빙수와 음료를 만드는 모습이 보여 믿음이 간다. 그래서 음식을 받을 때면 왠지 더 푸근한 느낌이 든다.

직장인들이 바쁘게 움직이는 여의도에서 팥이재만큼은 분위기에 휩쓸리지 않고 방문하는 손님들에게 따뜻한 대접을 하고 있다. 사장님의 엄마 같은 미소, 넉넉한 인심은 바쁜 업무로 지친 사람들에게 위로가 된다. 야외 테라스에서는 날씨가 좋은 날에 편안히 앉아 여의도 일대의 분위기를 느끼며 쉬어갈 수 있다.

Information

문의 02-782-1822
주소 서울시 영등포구 여의도동 45-15 서린빌딩 1층
찾아가는 길 9호선 여의도역 5번 출구에서 나와 여의도 우체국에서 우회전 후 500m
영업시간 am 10:30~pm 10:00 / 하절기 연중 무휴 / 동절기 일요일 휴무

달콤한 팥빙수와 건강한 주스

　팥이재에서 가장 인기 있는 메뉴인 엄마 빙수는 이름 그대로 엄마의 정성을 느낄 수 있는 빙수다. 전라남도 영암의 농부에게서 직접 구해온 팥을 2~3시간 정성 들여 삶고, 100% 우유만을 사용해 만든 얼음 덕분에 집에서 엄마가 만들어주는 것 같은 건강하고 담백한 맛을 느낄 수 있다. 이곳의 빙수는 팥과 우유얼음이 층층이 쌓여 나오는 단아한 모양새가 먹음직스럽다. 빙수 꼭대기에는 말린 대추 고명을 올려 바삭바삭한 맛을 살렸다. 즉석에서 우유를 갈아 눈꽃으로 만든 빙수는 재료를 획획 섞어 푹푹 떠먹기보다는 눈꽃얼음을 살살 굴려서 먹으면 더 맛있다. 두 번째로 인기 있는 메뉴인 아빠 빙수는 에스프레소 샷을 넣은 커피 빙수로 달콤한 맛을 더해 아빠들의 취향에 맞추었다.

　빙수는 놋그릇에 담아 나오는데, 놋그릇이 차가운 온도를 유지시켜주고 살균작용을 도와주기 때문이라고. 좋은 재료로 만드는 팥빙수를 좋은 그릇에 담아내어 대접받는 느낌을 주고, 빙수가 잘 녹지 않아 오랫동안 수다를 떨며 먹을 수 있는 것도 장점이다.

　생강 라테는 홈메이드 방식으로 2~3시간에 걸쳐 만든 생강청에 우유를 넣어 만든 건강 음료로, 위에 우유 거품을 올려 더욱 부드럽게 마실 수 있다.

　딸이 맡고 있는 히어로 주스는 첨가물, 시럽, 물을 넣지 않은 100% 과일·채소 주스다. 케일, 사과, 밀싹, 청포도, 로메인, 셀러리, 브로콜리, 배, 비트, 치아시드 등 건강한 재료로 만드는 새로운 조합을 보여준다. 열 발생을 최소화한 콜드프레스 용법을 사용해서 산화를 막고 체내 흡수율을 높인 주스로 구매하고서 하루 이틀 내에 마시는 것이 좋다.

Illustrated by 조한울

엄마 빙수

옛날 팥빙수 고유의 건강한 맛을 잘 살린 엄마 빙수. 얼음과 팥을 샌드위치처럼 층층이 쌓은 점이 눈에 띤다.
섞어 먹기보다 얼음을 살살 굴려서 먹으면 그 맛이 더 잘 느껴진다.

얼음 우유 300mL, 연유 적당량
단팥 팥 1kg, 설탕 300g, 소금 약간
고명 대추 적당량, 찹쌀 1kg, 소금 1/4작은술

단팥 만들기

1 **팥 삶기** 팥에 물을 붓고 한 번 끓어오를 때까지 기다린다.

2 **물 다시 붓고 끓이기** 팥은 한 번 끓으면 물을 버리고 다시 새로 부어서 20분 정도 강한 불에서 끓인다.

3 **간하기** ②를 중간 불로 낮추고 1시간 후에 설탕과 소금을 넣고 30분간 더 끓인다.

고명 준비하기

1 **대추 다듬기** 대추는 씨를 제거하고 곱게 채 썰어서 식품건조기에 말린 후 냉동시킨다.

2 **떡 찌기** 찹쌀가루에 소금을 넣어 섞고 찜통에 담아 찐다.

3 **식히기** 쪄낸 떡을 널찍하고 평평하게 펴서 냉동실에 넣는다.

4 **떡 썰기** 떡이 적당히 식으면 깍둑썰기 한다.

마무리하기

1 **얼음 갈기** 우유에 연유를 조금 넣고 섞은 다음 얼려서 곱게 간다.

2 **그릇에 담기** ①을 놋그릇에 담은 후, 틀을 깔고 얼음-팥-연유-얼음-팥-연유 순으로 쌓는다.

3 **고명 올리기** 빙수 위에 준비한 대추, 떡을 얹는다.

팥 조리기

마무리하기

생강 라테

마시면 감기가 뚝 떨어질 것 같은 건강 음료. 생강의 알싸함과 부드러운 우유의 조화가 의외로 좋다.
생강을 싫어하는 어린 아이들도 부담 없이 마실 수 있다.

재료 | 1인분
생강청 생강 2kg, 흑설탕 1kg, 계피 5cm, 레몬 1/2개
장식 우유 150mL, 레몬 슬라이스 1조각, 계핏가루 적당량

1 **생강 갈기** 생강은 녹즙기에 넣어 즙을 낸 뒤, 30분 정도 그대로 두어 녹말과 생강즙을 분리한 다음 생강즙만 따른다.

2 **생강즙 졸이기** 냄비에 생강즙, 흑설탕, 계피, 레몬을 넣고 섞은 다음, 강한 불에서 끓이다가 약한 불로 줄여 2시간 동안 졸인다.

3 **생강청 식히기** 다 졸인 생강청을 식힌다.

4 **우유 거품 만들기** 60~70℃로 데운 우유의 1/4이 거품이 될 때까지 핸드믹서로 젓는다.

5 **우유에 생강청 넣기** ④에서 우유만 컵에 따라 생강청을 2큰술 넣고 잘 섞는다.

6 **장식하기** 완성된 생강 라테 위에 우유 거품과 계핏가루, 레몬 슬라이스를 올린다.

슈퍼맨 주스

보기만 해도 건강하고 싱그러운 느낌을 주는 건강 주스. 채소가 많이 들어갔음에도
쓴맛이 없고 오히려 뒷맛이 깔끔하다. 피로회복에도 좋다.

재료 | 1인분
케일 5~7장, 사과 1개, 파인애플 2쪽, 레몬 1/2개

1 **재료 씻기** 준비한 채소와 과일을 찬물에 3번 씻은 뒤 베이킹소다를 뿌린다.

2 **재료 손질하기** 사과는 통째로 잘게 썰고, 레몬은 껍질을 벗긴다. 파인애플은 가로로 반 잘라 껍질을 자른다.

3 **재료 갈기** 손질한 재료들을 모두 믹서에 넣고 간다.

4 **면보에 싸기** 간 재료를 면보에 올려 잘 싸맨다.

5 **착즙하기** ④를 콜드프레스 머신에 넣고 즙을 짠 다음 냉장고에 넣고 시원하게 마신다.

　* 집에서는 ③~⑤ 과정 대신 녹즙기를 이용해서 즙을 낸 후 면보에 걸러 마시면 돼요.
　* 음료가 상할 수 있으므로 1~2일 내에 마시는 것이 좋아요.

Tip • 베이킹소다 활용법

베이킹소다는 약알칼리성 물질로 원래는 베이킹할 때 사용하지만 친환경 세척 물질로 사용할
수 있다. 물에 베이킹소다를 풀어서 과일과 채소를 씻으면 표면의 먼지와 찌꺼기가 깨끗하게
제거된다. 그 외에도 설거지, 빨래, 청소, 탈취 등 다양하게 활용할 수 있다.

매달 바뀌는 케이크를 기다리는 재미

기념일프로젝트

기 념 일 프 로 젝 트

Menu

3가지 베리 그래놀라 요거트 6,500	애플베리 크럼블 6,000
당근 케이크 6,000	리얼 딸기 라테 5,000
오렌지 달 5,000	아메리카노 3,500

한적한 곳에 감춰진 비밀 장소

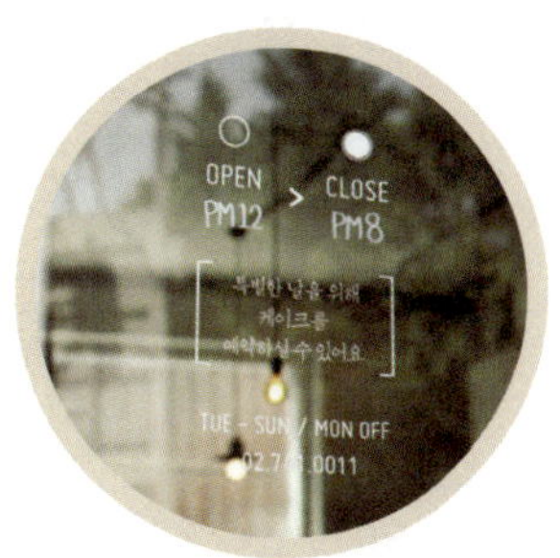

기념일프로젝트는 기념일에 먹는 케이크처럼 정성스럽게 만든 케이크를 제공한다는 의미를 지닌 곳이다. 길을 걷다 우연히 이곳을 발견하게 된다면 '이런 곳이 있었어?'라고 할 만큼 성북동 한적한 골목에 자리 잡은 보물 같은 공간이다. 화이트 톤의 심플한 외관에 한글로 또박또박 쓰인 상호가 인상적이다.

카페 맞은편에는 초등학교가 있는데 통유리 너머로 학교 운동장이 다 보인다. 아이들을 학교에 보낸 부모들끼리 모여 도란도란 이야기를 나누기에도 좋다.

통유리로 되어 있어 화사한 느낌이 들고, 창 밖으로 한적한 동네의 정취를 그대로 느낄 수 있다. 카페 내부는 그레이&화이트 톤을 살린 젊은 감각이 느껴진다. 철골을 자연스럽게 노출시킨 모습이나 하얀색과 검정색의 가구 배치가 모던한 느낌도 준다.

한쪽 벽에 놓인 책꽂이에는 책과 잡지들이 있어서 차를 마시며 독서를 즐기기도 좋다. 노출시킨 철골도 그냥 내버려두지 않고 손을 봐서 책꽂이로 재탄생시켰다.

창가에 덩그러니 놓인 화분과 꽃을 꽂아 놓은 빈 병, 벽에 자연스럽게 테이프로 붙여둔 감성적인 사진들과 흘러나오는 인디밴드의 음악도 이곳의 포근한 분위기를 더해준다. 개방되어 있는 주방에서 솔솔 풍겨오는 달콤한 케이크 냄새는 식욕을 자극한다.

좋은 재료를 사용해 건강한 디저트를 만들고 있는 기념일프로젝트의 케이크는 데일리 케이크와 월간 케이크로 나뉜다. 특히 한 달에 한 번씩 바뀌는 월간 케이크는 매달 한정으로 판매한다.

Information

문의 02-741-0011 / www.1project.co.kr
주소 서울시 성북구 삼선동 3가 90-1
찾아오는 길 6호선 보문역 1번 출구로 나와 보문사 입구 교차로에서 우회전 후
　　　　　　경동고등학교 방향으로 800m
영업시간 am 12:00~pm 8:00 / 월요일 휴무

눈과 입이 즐거운 케이크

이곳의 시그니처 메뉴인 당근 케이크는 매일 구워져 나오는 데일리 케이크다. 당근과 고소한 피칸이 듬뿍 들어가서 건강한 디저트라는 인상을 준다. 특히 직사각형 모양에 동글동글한 크림이 올라간 모양새가 귀여워 눈도 즐거워진다.

애플베리 크럼블은 사과와 바닐라 빈을 설탕, 버터에 조리고 그 위에 바삭한 크럼블을 올린 디저트로 주문하는 즉시 굽기 때문에 15~20분 정도 소요된다. 뜨거운 애플베리 크럼블 위에 차가운 아이스크림을 1스쿠프 추가해서 먹으면 따뜻함과 시원함을 동시에 느낄 수 있다.

오렌지 달은 컵케이크 속을 파서 쇼콜라 무스를 채워 넣은 촉촉한 디저트다. 크림 위에 올라간 오렌지 반쪽이 달 모양을 연상시켜서 오렌지 달이라고 이름을 붙였다.

이곳은 케이크뿐만 아니라 음료도 정성 들여 만든다. 리얼 딸기 라테는 우유에 설탕에 절인 얼음딸기가 들어가 시원하고 달콤하다.

3가지 베리 그래놀라 요거트는 직접 조려 만든 베리와 그래놀라를 수제 요거트 위에 올려서 한 끼 식사 대용으로도 먹을 수 있는 영양 간식이다.

기념일프로젝트에는 매월 바뀌는 월간 케이크를 기다리는 설렘이 있다. 월간 케이크를 진행하면서 생일인 분들을 추첨해 케이크를 무료로 주는데, 외진 곳인데도 일부러 찾아오는 분들께 고마운 마음을 표현하기 위해 시작한 이벤트라고 한다. 이 이벤트는 기념일프로젝트 홈페이지에서 확인할 수 있다.

Check Point

- 기간이 지난 월간 케이크는 따로 주문을 받으며 조각으로는 판매하지 않는다.
- 케이크를 주문하려면 최소 이틀 전에 예약해야 원하는 날에 받을 수 있다. 크리스마스나 밸런타인데이 같은 기념일에는 일주일 전에 예약해야 한다.

3가지 베리 그래놀라 요거트

직접 만든 콤포트와 요거트의 절묘한 조화. 고소한 그래놀라까지 곁들여져서
식사 대용으로도 좋고, 간식으로도 최고다.

재료 | 5~10개

3가지 베리 콤포트 냉동 블루베리 130g, 냉동 라즈베리 50g, 냉동 크랜베리 30g, 설탕 70g, 레몬즙 15g
그래놀라 오트밀 120g, 아몬드 30g, 캐슈너트 15g, 피칸 15g, 헤이즐넛 15g, 포도씨유 40g, 황설탕 70g,
　　　　　메이플 시럽 40g, 소금 1/2작은술
마무리 플레인 요거트 800g

3가지 베리 콤포트

1 설탕·베리 섞기 냄비에 냉동 블루베리, 라즈베리, 크랜베리와 설탕을 넣고 설탕이 녹아서 물이 생기도록 잠시 둔다.

2 베리 끓이기 ①을 중간 불로 끓이다가 걸쭉해지면 레몬즙을 넣는다.

3 보관하기 완성된 콤포트를 밀폐용기에 넣어 냉장고에 보관한다.

그래놀라 만들기

1 견과류 오븐에 굽기 오트밀, 아몬드, 캐슈너트, 피칸, 헤이즐넛은 섞어서 팬에 잘 펴고 150℃로 예열한 오븐에서 5~6분간 구운 후, 적당한 크기로 부순다.

2 간하기 ①에 황설탕, 메이플 시럽, 소금을 넣은 포도씨유를 넣어 잘 섞는다.

3 오븐에 굽기 팬에 ②를 얇게 펴고 160℃로 예열한 오븐에서 8분간 굽는다. 구운 뒤 주걱으로 뒤집고 다시 8분간 굽는다.

4 보관하기 완전히 식으면 밀폐용기에 넣어 냉장고에 보관한다.

마무리하기

용기에 담기 적당한 크기의 컵에 콤포트-요거트-콤포트-요거트 순으로 담고 그래놀라를 올려 장식한다.

3가지 베리 콤포트 만들기

그래놀라 만들기

애플베리 크럼블

고소한 크럼블과 달콤하게 조린 사과의 맛이 잘 어우러지는 디저트. 주문을 하면
바로 그 자리에서 구워줘서 더욱 맛있다. 크럼블만 먹기 심심하다면 아이스크림을 곁들여 먹어보자.

사과조림 사과 400g, 설탕 45g, 버터 30g, 바닐라 빈 1/2개, 레몬즙 10g, 계핏가루 1/2작은술, 블루베리 적당량, 크랜베리 적당량

크럼블 버터 70g, 박력분 70g, 아몬드 가루 70g, 황설탕 70g, 계핏가루 1/2작은술

곁들이 아이스크림 10스쿠프

사과조림 만들기

1 사과 손질하기 사과는 4등분해 껍질과 씨를 제거하고 얇게 썬다.

2 사과 조리기 냄비에 버터와 설탕을 넣고 설탕이 녹을 때까지 끓이다가 사과와 바닐라 빈을 넣고 조린다.

3 레몬즙·계핏가루 넣기 사과가 다 조려지면 레몬즙과 계핏가루를 넣고 섞는다.

크럼블 만들기

1 가루 재료 섞기 볼에 버터를 제외한 가루 재료를 넣어 잘 섞는다.

2 버터 섞기 버터는 잘게 잘라서 차갑게 두었다가 ①에 넣고 잘 섞는다. 완성되면 냉동 보관한다.

마무리하기

1 오븐에 굽기 오븐용기에 사과조림과 블루베리, 크랜베리를 적당량 넣고 크럼블을 올려서 180℃로 예열한 오븐에서 15분간 굽는다.

2 아이스크림 올리기 완성된 디저트 위에 아이스크림을 1스쿠프씩 떠서 올린다.

사과조림 만들기

크럼블 만들기

오렌지 달

이름처럼 달을 연상시키는 모양이 인상적인 디저트. 초코 컵케이크 안에 가득 들어 있는
오렌지 쇼콜라 무스와 부드러운 크렘 샹티는 달콤하면서도 상큼한 맛을 낸다.

초코 시트 버터 70g, 설탕 140g, 달걀 1개, 박력분 50g, 코코아파우더 35g, 우유 80g, 베이킹파우더 2g, 바닐라 리큐르 1/2작은술, 소금 조금
오렌지 쇼콜라 무스 다크 초콜릿 70g, 생크림 130g, 쿠앵트로 5mL, 오렌지 제스트 1/2개
크렘 샹티 크림치즈 30g, 설탕 15g, 생크림 120g
장식 슈거파우더 적당량, 코코아파우더 적당량, 건조 오렌지 1조각

초코 시트 만들기

1 버터 풀기 버터는 실온에 두어 말랑한 상태로 만든 후 거품기로 풀고 설탕과 소금을 넣고 잘 섞는다.

2 반죽 만들기 ①에 달걀을 두세 번 나눠 넣으며 섞은 다음, 체 친 박력분, 코코아파우더, 베이킹파우더를 넣고 섞는다.

3 오븐에 굽기 우유와 바닐라 리큐르를 넣고 섞어서 마무리한 후 틀에 2/3 정도 채운 뒤 180℃로 예열한 오븐에서 22분간 굽는다.

오렌지 쇼콜라 무스 만들기

1 초콜릿 중탕하기 다크 초콜릿은 중탕으로 녹인다.

2 초콜릿·생크림 섞기 생크림 70g을 살짝 데운 후 ①에 넣어 섞는다.

3 쿠앵트로·오렌지 제스트 섞기 쿠앵트로와 오렌지 제스트를 넣고 섞는다.

4 남은 생크림 섞기 남은 생크림은 휘핑해두었다가 ③에 나눠 넣으며 섞는다.

크렘 샹티 만들기

크림치즈·생크림 섞기 크림치즈는 실온에 두어 말랑한 상태로 만든 후 설탕을 넣고 섞은 다음 생크림을 넣고 거품을 낸다.

마무리하기

1 오렌지 쇼콜라 무스 채우기 초코 시트가 식으면 가운데를 적당량 파낸 후 오렌지 쇼콜라 무스로 채운다.

2 크렘 샹티 올리기 쇼콜라 무스 위에 크렘 샹티를 올린다.

3 장식하기 슈거파우더, 코코아파우더, 건조 오렌지로 장식한다.

마무리하기

1

2

3

라 부아뜨

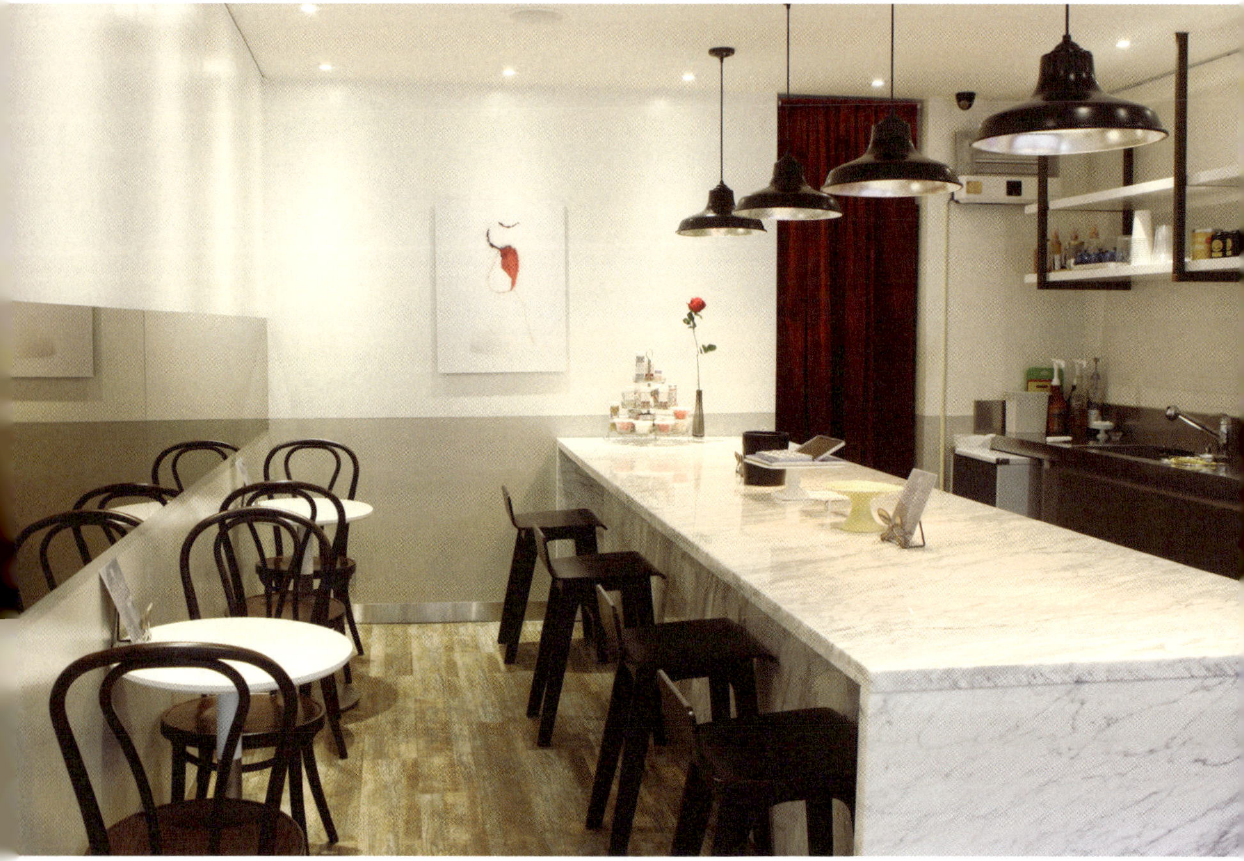

Menu

마카롱 2,200~2,700   모모푸쿠 버스데이 케이크 7,700
레드벨벳 케이크 7,500   발레트 6,500
블루벨벳 케이크 7,500   아메리카노 5,500

화려한 디저트를 즐길 수 있는 곳

청담동 한적한 주택가에 위치한 라 부아뜨(la boîte)는 프랑스어로 상자라는 뜻이 있는 디저트 카페다. 여기에는 선물의 의미도 있어서 선물을 받으면 행복해지는 것처럼 카페를 방문하는 사람들에게 행복을 전해주고 싶다는 메시지도 담겨 있다. 원래 디자인을 전공한 이지연 대표는 프랑스에서 르 꼬르동 블루를 졸업하고, 뉴욕에서 디저트 스튜디오와 클래스를 운영한 경험을 살려 2014년 2월에 라 부아뜨를 오픈했다.

밖에서 라 부아뜨를 보면 그레이 톤의 세련된 인테리어가 눈에 띈다. 통유리로 된 입구와 마카롱, 케이크가 진열된 쇼케이스 덕분에 지나가는 사람들의 눈길을 사로잡는다. 쇼케이스 위에는 디저트와 포장용 박스를 전시해놓았다.

내부는 그레이와 화이트 톤 벽, 블랙 톤 의자, 조명의 조화가 모던한 느낌을 준다. 아담한 공간 가운데 크게 자리한 대리석 테이블이 인상적인데 이지연 대표가 베이킹클래스를 위해 설치했다고 한다.

라 부아뜨는 프랑스와 뉴욕 스타일이 혼합된 퓨전 콘셉트의 디저트를 선보인다. 레드벨벳 마카롱, 발레트, 블루벨벳 케이크 등 흔하게 접하기 어려운 새로운 스타일의 디저트를 만나볼 수 있다.

상자라는 뜻의 상호에 걸맞게 라 부아뜨는 예쁜 상자 패키지 디자인으로도 유명하다. 그레이 톤의 고급스러운 색상에 붉은리본으로 장식된 상자에 담긴 선물을 받으면 분명 자신이 사랑받는다고 느낄 수 있을 것이다.

Information

문의 02-6091-7776
주소 서울 강남구 청담동 9-12 1층
찾아가는 길 청담역 8번 출구에서 청담사거리 방향으로 600m
영업시간 am 11:00~pm 9:00 /연중 무휴

독특한 마카롱과 케이크들의 향연

이곳에서는 믹스재료를 사용하지 않고 하나하나 정성 들여 만드는 마카롱이 인기다. 케이크로만 접해봤던 레드벨벳을 마카롱으로 만들어서 더욱 특별하다.

향이 좋은 마르코 폴로 차와 버터크림을 베이스로 만든 버스데이 마카롱은 파란색이 마블된 마카롱 시트의 사랑스러운 색감 덕분에 눈이 즐겁다. 이밖에도 마롱, 유자, 코코넛캐러멜, 피스타치오, 로즈 등 다양한 종류의 마카롱이 있다.

신선한 과일을 듬뿍 올린 발레트는 에클레어와 타르트를 합친 디저트다. 타르트보다 가벼운 촉감과 새콤한 과일의 조합이 여름에 먹으면 딱이다.

청량한 파란색이 돋보이는 블루벨벳 케이크는 자주 접했던 레드벨벳 케이크의 블루 버전으로 색깔이 주는 강렬한 인상과 인심 좋게 듬뿍 올라간 생 블루베리가 식욕을 자극한다.

모모푸쿠 버스데이 케이크는 이지연 대표가 뉴욕의 유명한 디저트 카페 모모푸쿠 밀크바에서 즐겨 먹었던 케이크를 재현한 것이다. 바삭한 크럼블과 부드러운 버터크림, 알알이 박힌 스프링클이 인상적인 케이크로 한국인의 입맛에 맞게 레시피를 연구해서 바꾸었다.

마카롱을 이용한 케이크도 인기다. 레드벨벳 케이크를 아이싱으로 코팅하고 케이크 옆면에 마카롱이 촘촘히 붙어 있는 케이크를 보는 순간 손이 저절로 움직인다. 이 케이크를 주문하려면 3일 전에 미리 예약해야 한다.

Check Point

- 주문한 디저트는 선물용으로 포장할 수 있다. 포장 비용은 크기와 장식에 따라
  1,500~2,500원 선.

쇼콜라 마카롱

진한 초콜릿 맛을 뽐내는 쇼콜라 마카롱. 달콤한 초콜릿이 듬뿍 들어간 가나슈를
쫀득쫀득한 코크로 샌드한 쇼콜라 마카롱은 아메리카노와 잘 어울린다.

재료 | 20~30개(지름 3.5cm)

마카롱 코크 아몬드 가루 150g, 달걀흰자 4개 분량, 설탕 150g, 코코아파우더 15g, 물 38mL
가나슈 생크림 100g, 다크 초콜릿 100g

마카롱 코크 만들기

1 체에 가루 내리기 아몬드 가루, 슈거파우더, 코코아파우더는 곱게 체
치고 그 위에 달걀흰자 2개를 넣는다.

2 시럽 만들기 냄비에 물과 설탕을 넣고 115℃가 될 때까지 끓인다.

3 이탈리안 머랭 만들기 ①을 핸드믹서로 20초 정도 돌리다 ②를 붓는다.
  * 이때 믹서의 작동을 멈추면 절대로 안 돼요.

4 머랭에 색소 넣기 머랭이 뿔 형태로 단단하게 올라올 때까지 휘핑한
다. 이때 식용색소도 함께 넣는다.

5 가루 재료·머랭 섞기 머랭이 완성되면 ①의 가루 재료와 달걀흰자 2
개를 넣고 고무 주걱으로 마카로나주한다.
  * 마카로나주는 주걱으로 반죽을 들어 올려서 떨어뜨렸을 때 서서히 하나로 합쳐지는 농
    도가 될 때까지 반죽을 섞는 것을 말해요.

6 반죽 짜기 반죽을 짤주머니에 담아 팬에 500원 동전 크기로 짠다.

7 반죽 말리기 반죽 표면이 손에 묻어 나오지 않을 때까지 실온에서
40분~1시간 정도 말린다.

8 오븐에 굽기 155℃로 예열한 오븐에서 13~15분 정도 굽는다.

가나슈 만들기

초콜릿·생크림 섞기 초콜릿에 데운 생크림을 붓고 잘 섞어서 휘핑한다.

마무리하기

1 가나슈 올리기 완성된 가나슈를 마카롱 코크 한쪽 면에 올린다.

2 마카롱 샌딩하기 다른 한쪽 마카롱 코크를 덮어서 냉장고에 하루 동
안 보관한다.
  * 마카롱은 24시간 정도 냉장 보관 후 먹어야 쫀득하고 달콤한 맛을 느낄 수 있어요.

마무리하기

스프링클 마카롱(버스데이 마카롱)

알록달록하게 마블링된 귀여운 코크가 인상적인 마카롱.
버스데이 마카롱이라는 또 다른 이름 그대로 생일 폭죽같이 화려한 색깔을 자랑한다.

재료 | 20~30개(지름 3.5cm)
마카롱 코크 아몬드 가루 150g, 달걀흰자 4개 분량, 설탕 150g, 물 38mL
스프링클 버터크림 실온에 둔 버터 100g, 설탕 40g, 달걀 1개, 스프링클 50g, 물 40mL

마카롱 코크 만들기

1 체에 가루 내리기 아몬드 가루, 슈거파우더, 코코아파우더는 곱게 체 치고 그 위에 달걀흰자 2개를 붓는다.

2 시럽 만들기 냄비에 물과 설탕을 넣고 115℃가 될 때까지 끓인다.

3 이탈리안 머랭 만들기 ①을 핸드믹서로 20초 정도 돌리다 ②를 붓고 머랭이 뿔 형태로 단단히 올라올 때까지 휘핑한다. 이때 여러 가지 색소도 함께 넣는다.

4 가루 재료·머랭 섞기 ③이 완성되면 ①의 가루 재료와 달걀흰자 2개를 넣고 고무 주걱으로 마카로나주한다.

5 반죽 짜기 반죽을 짤주머니에 담아 팬에 500원 동전 크기로 짠다.

6 반죽 말리기 반죽 표면이 손에 묻어 나오지 않을 때까지 실온에서 40분~1시간 정도 말린다.

7 오븐에 굽기 155℃로 예열한 오븐에서 13~15분 정도 굽는다.

스프링클 버터크림 만들기

1 시럽 만들기 냄비에 물과 설탕을 담고 118℃가 될 때까지 끓인다.

2 달걀·시럽 섞기 볼에 달걀을 풀고 핸드믹서가 돌고 있는 상태에서 시럽을 붓는다.

3 실온으로 맞추기 ②의 온도가 실온이 될 때까지 핸드믹서로 계속 젓는다.

4 버터 섞기 버터를 조금씩 넣어가며 핸드믹서로 섞다가 크림 같은 질감이 되면 멈춘다.
* 버터가 분리되어도 크림 상태가 될 때까지 계속 섞어줘야 해요.

5 스프링클 섞기 완성된 버터크림에 스프링클을 넣어 함께 섞는다.

마무리하기

1 버터크림 올리기 버터크림을 마카롱 코크 한쪽 면에 올린다.

2 마카롱 샌딩하기 다른 한쪽 마카롱 코크를 덮어서 냉장고에 하루 정도 보관한다.

마카롱 코크 만들기

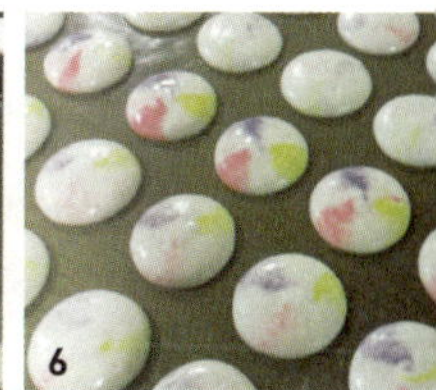

마무리하기

Tip • 이탈리안 머랭이란…

거품 낸 달걀흰자에 115~118℃에서 끓인 설탕 시럽을 조금씩 넣어주면서 거품 낸 것으로 달걀흰자 일부가 시럽의 열 때문에 익으면서 거품이 매우 단단해진다. 거품이 쉽게 죽지 않아 케이크의 장식이나 크림, 무스 같은 불을 쓰지 않는 디저트에 사용한다.

발레트

쿠키 같은 감촉의 타르트에 달콤한 크림과 생과일이 조화롭게 어울리는 디저트.
에클레어와 타르트의 느낌이 함께 있어 매력적이다.

타르트 박력분 250g, 슈거파우더 95g, 아몬드 가루 30g, 달걀 1개, 버터 150g, 소금 2g, 바닐라 빈 1/2개
크렘 파티시에 우유 250mL, 설탕 62g, 달걀노른자 4개 분량, 전분 20g
장식 과일 퓌레(라즈베리, 딸기, 블루베리 등) 각각 20g

타르트 만들기

1 버터 손질하기 버터를 정육면체 모양으로 자른다.

2 체에 가루 내리기 박력분, 슈거파우더, 아몬드 가루, 소금, 바닐라 빈을 섞어서 체에 내린다.

3 버터·가루 재료 섞기 ①에 ②를 넣고 버터가 가루 재료에 잘 코팅되도록 섞는다.

  * 반죽할 때 버터가 녹지 않게 빠르게 작업해야 해요.
  * 글루텐이 생기지 않게 반죽을 많이 치대지 않는 것이 좋아요.

4 달걀 섞기 달걀을 풀어서 ③에 조금씩 섞은 다음 냉장고에 휴지시킨 뒤 40g씩 나눈다.

5 오븐에 굽기 타르트 틀에 넣어 모양을 잡은 후 190℃로 예열한 오븐에서 10분간 굽는다.

크렘 파티시에 만들기

1 우유·설탕 끓이기 우유와 설탕 31g을 냄비에 넣고 끓인다.

2 달걀·설탕 섞기 달걀노른자, 남은 설탕을 넣어 섞고 전분을 체에 내려 섞는다.

3 끓이기 ②에 ①을 조금씩 부어서 섞은 다음 냄비에 옮겨 붓고 잘 저으면서 끓인다.

마무리하기

1 과일 크렘 파티시에 만들기 크렘 파티시에에 퓌레 20g씩을 넣어 4가지 맛 크림을 만든다.

2 타르트에 필링 채우기 4종류의 과일 크렘 파티시에를 짤주머니에 넣어 구워진 타르트지 위에 각각 짜고 과일을 얹어 장식한다.

타르트 만들기

마무리하기

Tip • 크렘 파티시에란…

달걀과 우유, 설탕, 바닐라 빈을 넣어 만든 달콤한 크림. 흔히 커스터드 크림으로 알려져 있으며 슈의 속을 채우거나 생크림, 초콜릿과 섞어 쓴다. 크렘 파티시에를 묽게 만들어 점성을 없앤 것을 크렘 앙글레즈라고 부르며 디저트 소스로 쓰인다.

비 스위트 온

Menu

타르트 타탱 11,000	밀푀유 쇼콜라 오 레 11,000
티라미수 6,500	마카롱(5개) 6,800
크레이프 수제트 8,500	아메리카노 4,500
쇼콜라 몽블랑 8,500	

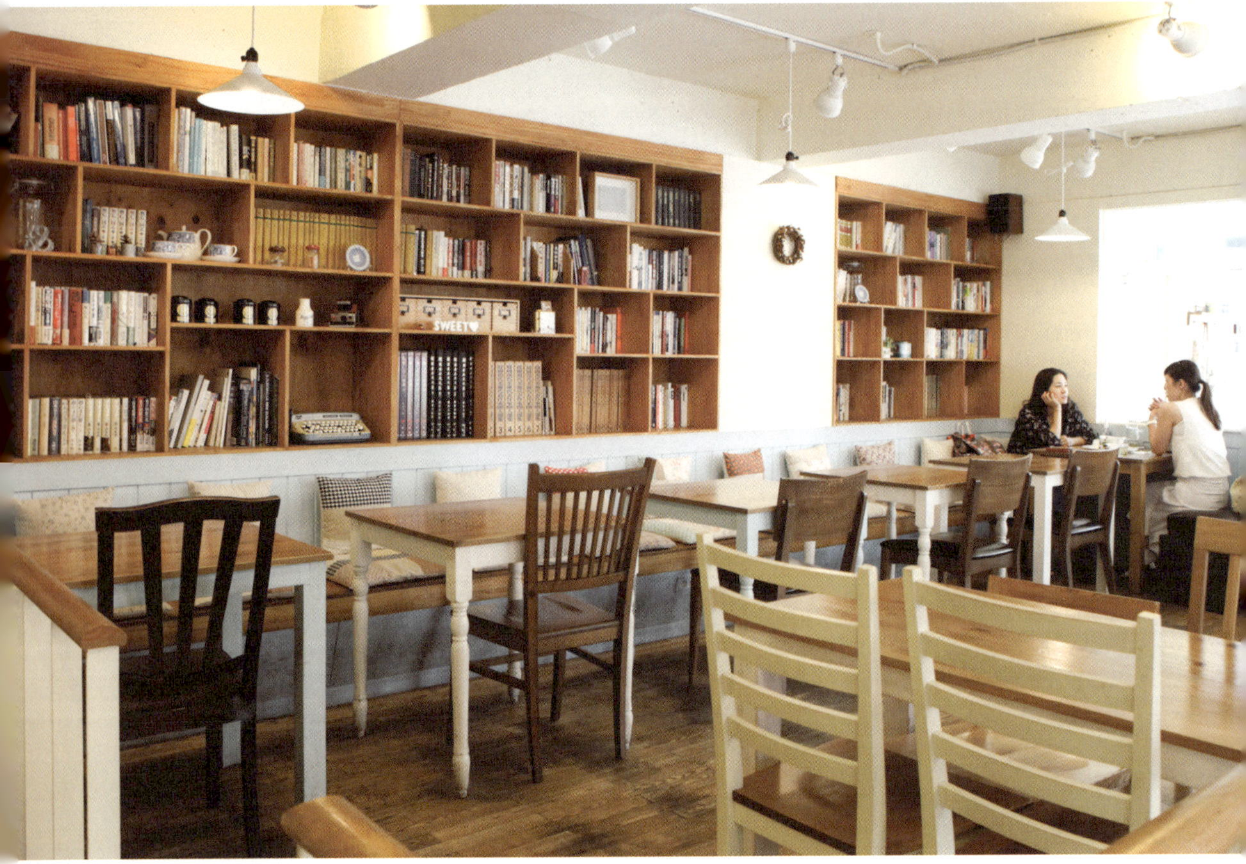

책과 앤티크 소품이 있는 편안한 공간

'달콤함에 매료되다'라는 뜻의 비 스위트 온. 홍대 앞 카페가 늘어선 골목에 있는 사랑스러운 디저트 카페 비 스위트 온은 일본 동경제과학교 출신의 셰프 형제가 운영하는 곳이다.

실내는 아이보리와 파스텔 톤의 하늘색으로 벽을 장식하고 원목가구를 놓아 통일감 있고 내추럴하게 꾸몄다. 벽에는 비 스위트 온의 메뉴와 여러 가지의 홍차 포스터가 붙어 있다.

자리는 홀과 창가 자리로 구분된다. 홀에는 책이 가득 꽂혀 있는 벽장이 눈길을 끈다. 우리나라 책과 일본어, 영어 원서가 있어 원하는 책을 골라 볼 수 있다. 벽 앞에 원목색 테이블이 나란히 배치되어 있고, 자리마다 색색의 패브릭 쿠션을 놓아 포근한 느낌이 난다. 창가 자리의 널찍한 테이블에는 앤티크한 소품이 놓여 있다. 커다란 장에 책과 찻잔, 홍차 통을 놓아 멋스러운 분위기로 연출했다. 무엇보다 바깥 풍경이 그대로 내려다 보여 홍대 특유의 활기와 자유로움을 느낄 수 있다. 창문을 통해 예쁜 가게와 지나는 사람들의 모습을 구경하기 좋다.

Information

문의 02-323-2370
주소 서울시 마포구 서교동 339-3 새봄빌딩 2층
찾아가는 길 지하철 2호선 홍대입구역 8번 출구에서 홍대 방향으로 500m
영업시간 pm 2:00~11:00 / 연중 무휴

수제 아이스크림과 파이의 만남, 타르트 타탱

비 스위트 온은 맛도 뛰어나지만 정직하게 디저트를 만드는 카페로 작은 초콜릿 장식까지 정성을 다해 직접 만든다.

프랑스 디저트인 타르트 타탱은 비 스위트 온의 대표 메뉴다. 바삭한 파이에 커스터드 크림과 바닐라 빈이 콕콕 박혀 있는 수제 아이스크림, 설탕에 조린 사과를 올려 만들었다. 아이스크림이 시간이 지날수록 녹아내리면서 파이에 스며들어 맛을 좋게 한다.

이탈리아의 대표 디저트 케이크인 티라미수도 이곳에서 맛봐야 할 메뉴다. 마스카르포네 치즈와 에스프레소에 적신 시트를 올리고 코코아파우더를 듬뿍 뿌려 맛이 깊고 진하다.

'디저트의 여왕'으로 불리는 크레이프 수제트도 인기 있다. 열대과일의 하나인 패션 프루츠와 오렌지 무스를 쿠앵트로 소스에 적신 크레이프로 감쌌다. 입에 넣는 순간 부드럽게 녹아든다.

층층이 쌓은 페이스트리에 커스터드 크림과 딸기를 올린 딸기 밀푀유, 유기농 말차가루로 만든 말차 빙수와 말차 음료, 다크 초콜릿으로 만든 쇼콜라 몽블랑 등도 빼놓을 수 없는 메뉴다.

Check Point

- 타르트 타탱은 주문을 받은 뒤 파이를 굽기 시작하기 때문에 20분 정도 시간이 걸린다.
- 주문은 오후 10시 30분까지 할 수 있다.

타르트 타탱

두툼한 파이와 커스터드 크림, 사과조림을 층층이 쌓아 올려 아슬아슬한 느낌을 주는 파이.
아이스크림이 조금 녹아 사과조림과 파이에 스며든 다음 먹어야 맛있게 즐길 수 있다.

재료 | 1개

파이 달걀 2개, 강력분 350g, 박력분 150g, 버터 50g, 우유 250mL, 소금 2.5g, 파이용 버터 250g
커스터드 크림 달걀노른자 3개 분량, 박력분 20g, 설탕 55g, 무염버터 10g, 생크림 300mL, 우유 250mL, 바닐라 빈 1/3개
사과조림 사과 1개, 설탕 42g, 버터 16g, 계핏가루 1g, 물 10mL
토핑 아이스크림 1스쿠프, 사과 칩 1개

파이 만들기

1 반죽하기 강력분과 박력분, 소금을 섞어 체에 내린 뒤 우유와 달걀을 넣어 반죽한다. 반죽이 뭉치면 버터를 넣고 고루 섞는다.

2 1차 휴지시키기 반죽을 비닐에 싸서 냉장고에서 1시간 휴지시킨다.

3 2차 휴지시키기 비닐에 싼 파이용 버터를 방망이로 살짝 두드려 반죽에 맞는 모양으로 만든 다음 냉장고에서 10분 정도 휴지시킨다.

4 반죽 밀기 휴지시킨 반죽을 일정한 두께로 밀어 정사각형으로 만든 다음 반죽 가운데에 파이용 버터를 넣고 밀대로 밀어 평평하게 만든다.

5 반죽 3절 접기 반죽을 3절 접기하고 냉장고에서 30분 정도 휴지시킨다. 반죽을 5mm 두께로 밀어 평평하게 한 다음 15×15cm로 자른다.

6 오븐에 굽기 반죽을 200℃의 오븐에서 15~20분간 굽는다.

커스터드 크림 만들기

1 달걀노른자·박력분·설탕 섞기 달걀노른자를 거품기로 푼 뒤 체에 내린 박력분과 설탕을 넣어 섞는다.

2 우유·바닐라 빈 끓이기 냄비에 우유, 바닐라 빈의 씨와 껍질을 넣고 끓인다. 우유가 끓으면 불을 끄고 바닐라 빈의 씨와 껍질을 꺼낸다.

3 버터 끓여 식히기 ①을 끓이면서 ②를 조금씩 넣는다. 걸쭉해지면 버터를 넣고 끓인 뒤 그릇에 붓고 랩을 밀착시켜 냉장고에서 식힌다.

4 생크림 섞기 거품 낸 생크림을 커스터드 크림과 섞는다.

사과조림 만들기

사과에 설탕 뿌려 굽기 달군 팬에 버터를 두르고 손질한 사과를 올린 다음 황설탕을 뿌려 중간 불에서 20분 정도 노르스름하게 굽는다. 뒤집어서 더 굽고 계핏가루를 솔솔 뿌려 10분 정도 더 조린다.

마무리하기

크림·사과조림 얹기 접시 위에 커스터드 크림을 짜 얹고 파이 1장을 올려 고정시킨다. 그 위에 다시 커스터드 크림을 짜 얹고 파이로 덮는다. 사과조림을 얹고 아이스크림과 건조시킨 사과 칩을 올린다.

파이 만들기

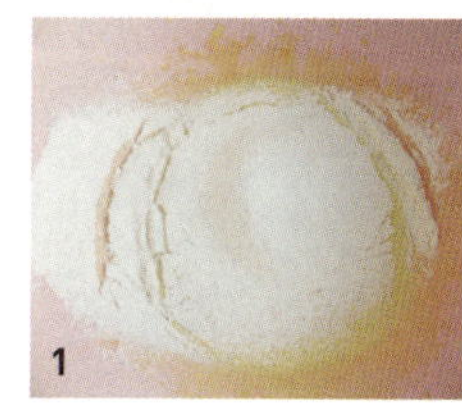

커스터드 크림 만들기

티라미수

달콤하고 부드러운 이탈리아 정통 디저트. 마스카르포네 치즈와 에스프레소를 넣어 맛이 진하다.
차게 먹어야 제맛을 느낄 수 있다.

재료 | 1개(37×27×5cm분)

시트(2장) 달걀노른자 11개 분량, 달걀흰자 11개 분량, 박력분 270g, 설탕 270g(110g+160g)
마스카르포네 무스 달걀노른자 8개 분량, 설탕 40g, 마스카르포네 치즈 150g, 생크림 200mL, 브랜디 25mL, 판 젤라틴 2g, 바닐라오일 적당량
이탈리안 머랭 달걀흰자 3개 분량, 설탕 160g, 물 80mL
*이탈리안 머랭 만들기는 137페이지를 참고하세요.
커피 시럽 인스턴트 커피 가루(에스프레소 타입) 6g, 설탕 15g, 끓인 물 10~15mL, 브랜디 15mL
장식 코코아파우더 · 초콜릿 소스 적당량씩

시트 만들기

1 **달걀노른자 거품 내기** 달걀노른자와 설탕을 한데 섞어 크림색이 될 때까지 거품 낸다.

2 **머랭 만들기** 달걀흰자에 설탕을 두세 번에 나눠 넣으며 단단한 머랭을 만든다.

3 **반죽 만들기** ①에 머랭의 반을 넣고 섞다가 체 친 박력분을 넣고 섞어서 고운 반죽으로 만든다. 여기에 나머지 머랭을 두세 번 나눠 넣어서 거품이 꺼지지 않도록 빠르게 섞는다

4 **오븐에 굽기** 짤주머니에 반죽을 넣어 팬에 짜 올리고 190℃로 예열한 오븐에서 10분 정도 굽는다.

커피 시럽 만들기

재료 끓이고 브랜디 섞기 브랜디를 뺀 모든 재료를 섞어서 살짝 끓인 다음 식히고 브랜디를 넣어 섞는다.

마스카르포네 무스 만들기

1 **달걀노른자 거품 내기** 달걀노른자에 설탕을 나눠 넣으며 크림색이 될 때까지 거품 낸다.

2 **브랜디·바닐라 오일 넣기** ①에 브랜디와 바닐라 오일을 넣고 중탕하면서 거품을 낸다.

3 **젤라틴 섞기** ②가 거품이 나면 물에 불린 젤라틴을 넣어 섞는다.

4 **마스카르포네 치즈 섞기** 마스카르포네 치즈를 ③에 두세 번 정도 나눠 넣으면서 섞는다.
   * 마스카르포네 치즈가 없을 때는 크림치즈를 이용해도 좋아요.

5 **생크림·이탈리안 머랭 섞기** 단단하게 거품을 낸 생크림을 ④에 두세 번 나눠 섞어 부드럽게 만든 다음 이탈리안 머랭을 섞는다.

마무리하기

1 **시트 깔고 마스카르포네 무스 올리기** 시트-마스카르포네 무스-시트 순으로 올리고 커피 시럽을 뿌린 다음 마스카르포네 무스를 평평하게 발라 냉장고에서 1~2시간 이상 식힌다.

2 **접시에 담기** 코코아파우더와 초콜릿 소스로 장식한다.

시트만들기

마스카르포네 무스 만들기

마무리하기

Tip • 티라미수 간단하게 만들기

카스텔라를 컵에 적당한 높이로 담고 인스턴트 커피를 부어 적신 다음 실온에 두어 말랑말랑한 크림치즈에 설탕과 생크림을 넣고 고루 섞어 카스텔라 위에 얹는다. 커피에 적신 카스텔라와 크림치즈 반죽을 두세 층 쌓은 뒤 크림을 위에 올리고 코코아파우더를 뿌린다.

Bakery Cafe

베이커리 카페

맛과 분위기가 좋은 베이커리에서 갓 구운 빵을 즐겨보자.
독특한 재료를 넣은 빵과 담백한 맛이 좋은 발효빵, 화려
한 디자인의 케이크 등 종류가 다양하다.

프랑스 홈메이드 스타일의 건강 빵을 만나다

로즈 베이커리

프랑스 홈메이드 스타일의 요리를 선보이는 로즈 베이커리는 프랑스인 남편 장 샤를과 영국인 아내 로즈 칼라니니가 운영하는 곳이다. 프랑스 파리와 영국 런던에 이어 우리나라 이태원에 문을 열었다.

로즈 베이커리에 들어서면 바(bar) 스타일의 오픈 주방에서 셰프들이 음식을 만드는 모습을 볼 수 있다. 바에 꾸며진 쇼케이스에는 베이커리 메뉴와 피자, 샐러드 등이 진열되어 있고, 주방 뒤쪽의 진열대에는 신선한 재료들이 깔끔하게 정리되어 있다. 한쪽 벽은 통유리로 되어 있어 채광이 좋고, 선명한 붉은색의 테이블과 의자는 세련된 분위기를 낸다.

로즈 베이커리에서는 유기농 밀가루와 프랑스산 버터로 만든 건강빵을 맛볼 수 있다. 특히 그 날 들여온 신선한 제철 과일과 히말라야산 소금, 유기농 올리브오일을 사용해 재료 본연의 맛을 살리는 것이 특징이다.

대표 메뉴인 캐럿 케이크는 당근이 들어간 카스텔라 위에 진한 크림치즈가 두툼하게 얹혀 있다. 부드럽고 달콤한 캐러멜 무스로 타르트 안을 꽉 채우고 고소한 프랄린을 얹은 캐러멜 타르트도 손꼽히는 인기 메뉴다. 레몬 오렌지, 레몬 폴렌다, 초코 폴렌다, 무화과 비건, 애플 시나몬, 바나나, 라즈베리, 녹차 등의 파운드케이크도 빼놓을 수 없다. 올리브오일을 넣은 애플 시나몬은 파운드케이크 중에서도 가장 촉촉하다. 레몬 폴렌다는 옥수수 가루를 쓰기 때문에 밀가루 알레르기가 있는 사람도 마음 놓고 먹을 수 있다.

문의 02-790-7225
주소 서울시 용산구 한남동 739-1
찾아가는 길 지하철 6호선 한강진역 1번 출구에서 리움 미술관 방향으로 100m
영업시간 am 9:00~pm 10:00/명절 휴무
메뉴 메뉴 캐럿 케이크 8,000원/캐러멜 타르트 9,000원/과일 타르트 9,000원/
　　　파운드케이크 7,000원/에스프레소 5,500원

• 테이크아웃을 하면 15% 할인된다.
• 주차는 리움 미술관에 발레파킹을 할 수 있다.

편안하고 정겨운 프랑스식 파이 전문점

엘리스 파이

여의도에 위치한 프랑스 스타일의 파이와 타르트 전문점 엘리스 파이. 부담 없는 가격과 정직한 맛이 돋보이는 카페로 알려져 있다. 엘리스 파이의 대표는 보석 공부를 하기 위해 프랑스로 떠났다가 타르트 맛에 반해 프랑스 국립 제과제빵학교에 들어갔다고 한다. 카페 이름도 유학시절에 쓰던 '엘리'라는 이름에서 따왔다.

엘리스 파이는 화려하지 않지만 푸근하고 정겹다. 브라운 톤의 벽돌로 꾸며진 따뜻한 실내, 테이블마다 덮여 있는 체크무늬 테이블보는 집에 온 것처럼 편안한 느낌을 준다. 쇼케이스에는 파이와 타르트, 키시가 전시되어 있으며, 진열대에 가득한 쿠키와 머핀, 갈레트에서 풍기는 고소한 빵 냄새는 사람들의 기분을 좋게 만든다.

엘리스 파이는 모녀가 매일 직접 파이와 타르트를 굽는다. 맛이 좋고 크기도 큼직해서 단골이 많다. 우리나라 사람들의 입맛에 맞게 설탕의 양을 줄이고, 새로운 레시피를 개발하는 것이 인기 비결이다. 질 좋은 생크림, 벨기에산 초콜릿, 유기농으로 재배된 블루베리 등 재료에도 신경을 쓴다.

대표 메뉴는 촉촉하고 부드러운 에그 타르트로 컵 모양의 독특한 생김새가 특징이다. 코코넛 타르트는 견과와 코코넛으로 가득 채워져 있어 고소하다. 호두, 피칸, 통아몬드 등으로 채우고 쫀득한 캐러멜 필링을 올린 너트 타르트와 아몬드 크림으로 맛을 낸 무화과 타르트도 인기다.

문의 02-784-8243
주소 서울시 영등포구 여의도동 43-3 홍우빌딩
찾아가는 길 지하철 5호선 여의도역 5번 출구에서 KBS별관 방향으로 400m
영업시간 am 9:00~pm 10:00/연중무휴
메뉴 메뉴 에그 타르트 2,100원/너트 타르트 · 코코넛 타르트 2,600원/
　　　무화과 · 치즈 · 블루베리 타르트 3,200원

• 예약하면 타르트에 메시지를 새기거나 원하는 크기로 주문할 수 있다.
• 모든 타르트와 파이는 선물 포장이 가능하다.
• 결혼식이나 돌잔치 답례품을 주문할 수 있다.
• 건물 내 주차장에 1시간 동안 무료로 주차할 수 있다.

the
Elie's PiE
& galette
엘리스파이

도쿄 '안젤리카' 출신의 셰프가 선보이는 일본식 빵

도쿄팡야

가로수길에 있는 도쿄팡야는 도쿄의 인기 빵집 '안젤리카' 출신의 셰프가 일본식 레시피를 그대로 재현한 곳이다. 논현동 본점에 이어 두 번째로 문을 열었다. 본점에 비해 빵의 종류가 다양하고, 차를 마실 수 있는 공간도 마련되어 있다.

도쿄팡야는 하얀색 원목으로 꾸민 외관과 빨강색 차양이 깔끔한 인상을 준다. 실내는 나무 바닥에 원목 테이블을 배치해 안락하고 따뜻한 분위기다. 알록달록한 의자로 포인트를 주어 경쾌한 느낌도 난다.

도쿄팡야의 대표 메뉴인 카레빵은 빵가루를 솔솔 뿌려 겉면이 바삭하다. 조린 양파와 돼지고기를 듬뿍 넣어 만든 카레는 하루 동안 숙성시켜 깊은 맛이 난다. 일본 안젤리카에서도 하루에 1천 개 이상 팔린다는 미소빵은 일본 된장인 미소를 넣어 반죽을 하고 미소버터 소스를 뿌려 굽는다. 미소를 넣었지만 된장 특유의 쿰쿰한 냄새가 나지 않으면서 담백하고 고소하다. 소보로 딸기 단팥빵은 부드러운 팥앙금 속에 설탕에 조린 딸기가 들어 있어 달콤한 향이 코끝을 자극한다.

쇼케이스 안에는 예쁜 디자인의 케이크들이 가득하다. 바나나가 듬뿍 들어간 시폰 시트에 생크림과 커스터드 크림을 넣어 돌돌 말아 놓은 도쿄 바나나 롤케이크, 딸기를 넣고 와플로 돌돌 만 딸기 와플 롤케이크, 쌀가루를 쓰고 단맛이 강하지 않은 생크림에 딸기, 복숭아, 키위, 귤을 듬뿍 넣어 만든 쌀가루 롤 프루츠 케이크 등 다양한 종류의 케이크를 만날 수 있다.

문의 02-547-7790/www.tokyopanya.com
주소 강남구 신사동 543-8번지
찾아오는 길 지하철 3호선 신사역 8번 출구 가로수길 입구에서 신사중학교 방향으로 200m
영업시간 am 11:00~pm 11:00/연중무휴
메뉴 카레빵 2,000원/호두 미소빵 2,000원/소보로 딸기 단팥빵 2,000원/멜론빵 1,500원/
　　　쌀가루 롤 프루츠 케이크 15,000원

• 케이크나 롤케이크를 주문하면 박스 포장을 무료로 해준다.
• 일반 빵은 따로 1,000원을 내야 포장을 해준다.

직접 키운 천연 발효종으로 만든 수수하고 담백한 빵

오월의 종

직접 키운 천연 발효종으로 빵을 만드는 오월의 종은 수수한 유럽 스타일의 빵으로 유명하다. 모양은 투박하지만 담백한 맛과 부담 없는 가격으로 외국인들에게도 인기가 좋다.

10년 넘게 빵을 만들어 온 정웅 셰프는 "어린 시절 머물렀던 기도원의 할아버지가 장작불 아궁이에서 만들어준 식빵 맛을 잊을 수 없었다. 직장생활을 그만두고 서른 넘은 나이에 그때 먹은 식빵 맛을 내기 위해 시작했다. 빵을 진정 사랑하는 마음으로 최고의 빵을 만들려는 노력을 기울인다"라며 오월의 종을 열게 된 계기를 말했다.

하얀색 간판에 초록색 차양을 드리운 오월의 종은 우체통에 달린 앙증맞은 종이 달랑달랑 소리를 내며 사람들을 반긴다. 아담한 공간에 원목 가구를 배치하고 은은한 조명을 비춰 따뜻한 분위기로 연출했다.

오월의 종은 매일 아침 천연 발효종으로 빵을 굽는다. 천연 발효종을 키워 빵을 만들기까지 보통 일주일에서 열흘 정도가 걸린다. 천연 발효종은 온도와 날씨 등에 민감해 시간을 갖고 정성 들여 키워야 하기 때문이다. 대부분의 빵은 달걀과 우유, 버터를 넣지 않기 때문에 알레르기가 있는 사람이나 채식을 하는 사람들이 자주 찾는다.

발효시킨 무화과로 만들어 은은한 향이 좋은 르방, 건포도를 발효시켜 만든 사워 종류의 빵은 꼭 맛봐야 하는 메뉴다. 무화과, 밤, 크랜베리, 건포도가 듬뿍 들어간 무화과 호밀빵, 크랜베리의 상큼함과 호두의 고소한 맛이 조화로운 크랜베리 바게트, 거칠지만 호두와 건포도가 들어 있어 씹을수록 고소한 맛이 나는 레이즌 스틱이 인기 메뉴다.

문의 02-792-5561
주소 서울시 용산구 한남동 737-2 백목빌딩
찾아가는 길 지하철 6호선 이태원역 2번 출구에서 한남대교 방향으로 150m
영업시간 am 8:00~pm 11:00/일요일 휴무
메뉴 무화과 호밀빵 2,500원/곡물 호밀빵 5,000원/레이즌 스틱 1,000원/르방 3,000~5,000원/
　　　크림치즈볼 2,000원/치아바타 3,000원/크랜베리 바게트 3,000원/바게트 3,000~4,000원

• 오후 1시 이후에는 품절되는 빵이 많아 고를 수 있는 빵 종류가 적다.

천연 효모를 발효시켜 만든 프랑스식 베이커리

에릭 케제르

천연 효모를 넣어 맛과 향이 독특한 에릭 케제르의 빵은 프랑스 사르코지 대통령과 일본 구로다 사야코 공주가 매일 즐겨 먹는 것으로 유명하다. 프랑스와 일본 등 전 세계 70여 곳에 문을 열었으며, 우리나라에서는 2010년 여의도에 처음으로 오픈했다.

짙은 오렌지색의 단순한 간판이 눈길을 끄는 외관은 여의도의 모던한 분위기와 잘 어울린다. 실내는 오렌지색과 갈색을 주로 사용해 산뜻하면서 세련된 느낌이다. 쇼케이스에 있는 화려한 디자인의 케이크는 사람들의 시선을 사로잡고, 한가운데에 가지런히 놓인 빵은 입맛을 자극한다.

창업자인 에릭 케제르는 천연 효모를 넣은 제빵 기술을 개발하고, 프랑스식 베이커리의 대중화에 기여한 제과 장인이다. 여의도점의 셰프들 역시 프랑스에서 에릭 케제르의 제빵 기술을 전수받은 전문가들이다.

에릭 케제르는 매일 천연 효모가 들어간 반죽을 20시간 이상 숙성시켜 빵을 굽는다. 화학첨가물과 방부제가 들어가지 않은 밀가루로 만들어 몸에 좋을 뿐 아니라 프랑스산 버터를 사용해 맛이 진하다. 매달 제철 재료에서 영감을 얻어 만든 새로운 빵도 선보인다.

60여 가지의 빵, 50여 가지의 페이스트리, 샌드위치, 키시 등 종류도 다양하다. 투박한 모양의 빵은 생김새와 달리 부드러운 결과 노릇노릇한 색감이 특징이다. 대표 메뉴인 툭(Tourte)이라는 큼직한 바게트는 저온에서 오랜 시간 발효시켜 쫀득하고 담백한 맛이 일품이다.

에릭 케제르의 타르트와 에클레어도 맛이 좋다. 상큼한 오렌지, 시원한 느낌의 서양배, 새콤달콤한 블루베리 등의 과일을 넣은 상큼한 타르트부터 레몬 크림, 초콜릿을 가득 채워 풍부한 맛을 내는 타르트도 있다. 가늘고 긴 빵 위에 초콜릿 크림과 커피 크림을 올린 에클레어 역시 인기 있는 메뉴다.

문의 02-789-5687/www.erickayser.co.kr
주소 서울시 영등포구 여의도동 63시티
찾아가는 길 지하철 5호선 여의나루역 4번 출구에서 여의도고등학교 방향으로 200m
영업시간 am 7:00~pm 10:00/연중무휴
메뉴 툭 9,000~21,000원/타르트 5,000~7,000원/브리오슈 4,000원/푸가스 5,900원/타스 드 서울 4,500원/
  치아바타 3,500원/바게트 몽쥬 1,000원/마카롱 2,100원/에클레어 4,100원

• 63시티 주차장에 1시간 동안 무료로 주차할 수 있다.

누룩으로 만든 담백한 발효빵

쿄 베이커리

여유롭고 한적한 상수역 근처에 있는 쿄 베이커리는 일본식 베이커리와 식빵, 바게트, 치아바타 등 식사용 빵을 선보인다. 수수하고 소탈한 분위기로 인심 후한 동네 빵집에서 느끼던 정겨움을 선사한다.

쿄 베이커리는 아담한 공간에 원목가구를 배치해 따뜻한 느낌을 준다. 실내 가운데에 있는 진열대에는 오크통을 놓고 밀가루 포대를 두어 자연의 느낌을 살렸다. 기둥에는 칠판을 붙이고, 빵에 들어가는 재료와 빵 종류를 귀여운 그림으로 재미나게 표현했다. 선반에는 찻주전자와 찻잔, 원두를 담은 병 등이 진열되어 소품을 구경하는 즐거움도 있다. 테라스에도 테이블이 있어 밖에서도 빵과 차를 즐기기 좋다.

20년 제빵 경력의 부인환 셰프는 드라마 〈제빵왕 김탁구〉에서 화제가 되었던 주종법으로 빵을 만든다. 주종법은 누룩을 발효시켜 빵을 만드는 방법으로 이 방법을 사용하면 빵의 결이 부드러워지고 누룩 특유의 향이 난다. 빵마다 특성에 맞는 밀가루를 쓰고 천연 효모로 빵을 만들기 때문에 밀가루가 체질에 잘 맞지 않거나 빵을 먹고 난 뒤 더부룩함을 느꼈던 사람들이 자주 찾는다. 모든 빵은 설탕과 버터의 양을 줄여 느끼하지 않고 담백하다. 빵은 한 번에 조금씩만 굽고 바구니가 비워지면 그때그때 새로 구워 신선도를 유지한다.

쿄 베이커리의 빵은 80여 가지로 종류가 다양하다. 고소한 파이 속에 다진 고기가 들어 있는 미트 파이, 강낭콩과 완두콩을 넣어 반죽한 빵에 달지 않은 팥앙금을 듬뿍 넣은 통팥앙금, 짭짤하게 구운 프레첼에 까망베르 치즈를 넣은 까망베르 라우겐, 오징어 먹물을 넣은 바게트 안에 크림치즈와 연유가 듬뿍 들어간 먹물 크림치즈와 연유 바게트 등이 대표 메뉴다. 크림치즈, 고다치즈, 사과 등이 올라간 각종 데니시도 인기가 좋다.

문의 02-794-5090
주소 서울 마포구 상수동 317-7
찾아오는 길 지하철 6호선 상수역 1번 출구에서 합정역 방향으로 200m
영업시간 am 10:00~pm 10:00/명절휴무
메뉴 미트 파이 3,200원/연유 바게트 4,300원/통팥앙금 2,300원/먹물 크림치즈 4,300원/
　까망베르 라우겐 3,600원/참치빵 2,800원/데니시 3,200원

• 와인 셀러가 마련되어 있어 와인도 함께 즐길 수 있다.
• 주차는 홍대 공영 주차장 이용.

하루에 세 번 빵을 굽는 일본식 베이커리

시오코나

일본어로 '소금과 밀가루'를 뜻하는 시오코나는 일본식 베이커리로 유명하다. 트렌디한 카페와 맛집으로 뜨고 있는 용인 죽전에서 일본 동경제과학교 출신의 셰프 전익범 씨가 운영하는 곳이다.

시오코나는 무채색 노출 콘크리트로 된 간판과 포인트를 준 옅은 하늘색 출입문이 인상적이다. 실내는 따뜻한 분위기의 원목 인테리어와 은은한 조명이 포근한 느낌을 준다. 한쪽 벽의 커다란 칠판이 눈길을 끄는데, 케이크 그림과 함께 시오코나에서 사용하는 재료 설명 등이 쓰여 있다.

시오코나의 대표 메뉴인 스콘은 하루에 세 차례 구워낸다. 플레인과 녹차, 호두, 초콜릿 4가지 맛이 있으며 버터를 넣지 않아 느끼하지 않고 통팥과 호두, 초콜릿 칩이 들어 있어 씹는 맛이 좋다. 큼직한 크기의 포테이토 치아바타도 빼놓을 수 없는 메뉴다. 감자를 갈아 넣어 촉촉하고 부드러운 맛이 일품이다. 바게트는 프랑스에서 들여온 밀가루로 만들고 카스텔라에는 유정란을 넣어 아이들에게도 안심하고 먹일 수 있다. 프루츠 파운드는 각종 과일을 넣은 파운드 케이크다. 크림치즈를 먹는 것같이 부드러운 감촉과 강렬하게 퍼지는 과일 향이 식욕을 자극한다.

시오코나의 또 다른 특징은 케이크의 디자인을 살리는 독특한 포장에 있다. 리본을 두르거나 로고가 새겨진 스티커를 붙여 멋스럽게 포장했다. 예쁘게 포장되어 가지런히 늘어서 있는 케이크와 빵, 쿠키에서 시오코나의 감각이 돋보인다.

문의 031-889-3326
주소 경기도 용인시 기흥구 보정동 1208-3
찾아가는 길 지하철 분당선 보정역 1번 출구에서 단국대 방향으로 150m
영업시간 am 9:00~pm 10:00/명절휴무
메뉴 스콘 1,800원/녹차·호두·초코·호밀스콘 2,000원/카스텔라 1,500원/쫀득쫀득 식빵 4,200원/
　　　포테이토 치아바타 3,500원/멜론빵 1,500원/까늘레 2,000원/프루츠 파운드 9,500원/크루아상 2,500원

• 건물 지하주차장에 주차할 수 있다.

푸근한 분위기와 개성 넘치는 빵

라틀리에 모니크

라틀리에 모니크는 이원영 대표와 일본 제빵 명인 스기야마 히로하루 셰프가 2011년 6월에 오픈한 곳이다. 현재 스기야마 셰프는 레시피를 전수한 뒤 일본으로 돌아갔고, 이원영 대표가 매일 먹어도 질리지 않는 맛있고 건강한 빵을 만들고 있다. 파의 단맛이 더해진 파 크루아상, 곡물의 담백한 맛이 특징인 미숫가루 크림빵, 단팥과 호두, 크랜베리가 들어 있는 바게트 후류이 아르코르주 등 이곳만의 개성이 강한 빵들로 유명세를 얻게 되었다.

라틀리에 모니크에서는 개방형 주방을 활용해서 빵이 만들어지는 과정을 생생하게 보여준다. 집밥을 만든다는 생각으로 빵을 만들기 때문에 푸근하고 친근한 분위기가 느껴진다. 건강한 빵을 만들기 위해 합성보존료와 화학첨가물은 사용하지 않고, 이스트도 적게 사용하는 것이 라틀리에 모니크 빵의 특징이다.

라틀리에 모니크는 예술가 정신이 담긴 빵 공작소라는 뜻처럼 크루아상에 잘 구운 파를 올리거나 프랑스식 바게트에 팥소를 넣는 등 상식을 깨는 조합으로 재미를 주고 있다. 이곳의 대표적인 메뉴는 당일 한정 소량 생산하는 명란 바게트, 크림치즈와 크랜베리가 들어 있는 소녀감성, 72시간 숙성해 만드는 모니크 바게트와 후류이 아르코르주다. 그밖에도 인절미 토스트, 감자샐러드 바게트, 팥 크루아상 등 이곳만의 개성이 담긴 빵들이 가득하다.

문의 02-549-9210
주소 서울특별시 송파구 석촌동 175-9
찾아오는 길 지하철 8호선 석촌역 7번 출구로 나와서 산타클로스 병원에서 좌회전 후 80m
영업시간 am 9:00~p.m 8:00/ 일요일, 명절휴무
메뉴 후류이 아르코르주 5,000원/명란 바게트 3,200원/파 크루아상 2,500원/모니크 바게트 3,300원

• 기념일에 한정으로 판매하는 빵은 예약해야 구매할 수 있다.

L'Atelier
Monique
BOULANGERIE　モニーク

Farine de blé
흑규이 여리꼬르쥬
5000원
초코 감파뉴
5000원

R MONIQUE
모니크 에코백
12000원
gry
Monique

동네 사람들의 자랑인 빵집

브레드 앤 서플라이

2014년 5월 청담동에서 시작한 브레드 앤 서플라이는 판교에 이어 반포, 방이동까지 지점이 생길 정도로 인기를 끌고 있는 곳이다. 특히 동네 사람들에게 많은 사랑을 받고 있는데 방부제와 첨가제를 넣지 않고 호주산 유기농 밀가루와 천연 발효종을 사용해 만든 정직한 빵이 사람들에게 인정받는 비결이다.

제빵사 김은주 씨는 빵을 만들 때 가족을 위해 만든다는 생각을 한다. 달고 짠 빵 대신 달지 않으면서 향으로 먹을 수 있는 건강빵이 메뉴의 주를 이루는 것도 이와 같은 이유에서다.

이곳의 인기 메뉴는 식빵과 파이, 치아바타이며 바게트, 포카치아, 캄파뉴 등도 손님들에게 사랑받는 빵이다.

브레드 앤 서플라이를 운영하는 김은정 이사는 미국에서 10여 년간 건축사로 일한 경력을 살려 인테리어 작업에도 참여했는데, 빈티지한 느낌을 살린 인테리어로 브루클린의 할머니가 낸 빵집 느낌을 완성했다고 한다. 그래서인지 이곳은 트렌디한 인테리어지만 편안하고 정겨움이 묻어나는 공간이다. 가게 곳곳에는 브레드 앤 서플라이의 로고를 새긴 에코백, 앞치마, 쿠키 패키지까지 있어 여심을 사로잡는다.

식사로도 먹을 수 있는건강한 빵과 주만들이 보내는 애정 덕분에 앞으로의 행보가 더욱 기대되는 곳이다.

문의 031-8016-8971
주소 경기도 성남시 분당구 삼평동 741번지 푸르지오 월드마크상가 1층
찾아오는 길 신분당선 판교역 2번 출구에서 판교푸르지오 월드마크 아파트 방향으로 300m
영업시간 am 9:30~p.m 9:30/명절휴무
메뉴 우유 모닝식빵 3,500원/생크림 스콘 2,500원/허브 포카치아 2,500원/
　　　단호박 크림치즈 캄파뉴 4,000원

• 파티나 기업 행사를 위한 케이터링 서비스를 제공한다.

칵테일과 함께 즐기는 일본식 빵

아오이토리

산울림 소극장 인근 홍대에서도 한적한 곳에 자리한 아오이토리. 도쿄팡야에서 일하던 코바야시 스스무 셰프가 독립해서 오픈한 곳이다. 스태프들도 대부분 일본인이라 문을 열고 들어서면 '이랏샤이마세' 하고 반기는 직원들의 친절한 모습이 인상적이다.

일본어로 파랑새를 뜻하는 아오이토리는 정성 들여 만든 빵이 행복을 가져다준다는 의미를 담고 있다. 스스무 대표는 동화 파랑새의 결말처럼 행복은 일상에 있다고 믿어서 사람들이 매일 먹는 빵에서 행복을 찾았으면 좋겠다는 뜻으로 아오이토리를 만들었다.

새하얀 외관과 내부가 훤히 들여다보이는 통유리 때문에 지나가는 사람들도 한 번씩 바라보게 되는 곳이다. 내부는 아늑한 원목 인테리어로 편안한 느낌을 주고, 개방형 주방에서 빵을 만드는 모습을 볼 수 있다.

바게트, 조리빵, 발효빵, 샌드위치 등 다양한 종류의 빵을 팔고 있고, 가격도 합리적이어서 홍대를 찾는 사람들에게 인기다. 빵 속에 야키소바를 넣은 야키소바빵이 가장 인기가 많고, 말차 멜론빵, 명란 바게트 같은 일본식 빵도 만날 수 있다.

가게 안쪽에는 구입한 빵을 바로 먹을 수 있는 테이블이 마련되어 있는데, 빵을 만드는 모습을 보면서 먹을 수 있다는 점이 인상적이다.

빵집이지만 7시부터 새벽 2시까지는 바(bar)로 운영하며, 술과 곁들여 먹을 만한 간단한 식사도 판매한다. 바는 일요일엔 휴무다.

문의 02-333-0421/www.facebook.com/aoitori.seoul
주소 서울시 마포구 서교동 327-17
찾아오는 길 경의중앙선 홍대입구역 6번 출구에서 와우공원 방향으로 570m
영업시간 화요일~토요일 am 8:00~am 2:00(바 pm 7:00~am 2:00)/
　　　　　일요일 am 8:00~pm 10:00(bar 휴무)/월요일 휴무
메뉴 파랑새 바게트 3,200원/명란 바게트 2,600원/마요에그 1,500원/치아바타 1,800원/
　　　야키소바빵 2,500원/말차 소라빵 2,000원

• 평일 한정으로 8시부터 11시 사이에 모닝플레이트 세트(토스트+햄+달걀 프라이+
　샐러드+커피)를 5,000원에 이용할 수 있다.

BAKERY CAFE
青い鳥
AOITORI
AOITORI
Morning Plate Set
青い鳥

야키소바 빵
やきそばパン
₩ 2,500

디저트 뷔페

여러 가지 종류의 디저트를 한자리에서 맛보는 디저트 뷔페. 케이크 뷔페부터 테마별로
즐길 수 있는 호텔 디저트 뷔페까지 다양하다. 디저트 뷔페에서 색다른 즐거움을 찾아보자.

봄의 향긋함을 즐기는 쉐라톤 워커힐 호텔 파빌리온

고급스러운 분위기의 로비 라운지 파빌리온에서 매년 봄, 딸기 디저트를 즐길 수 있는 곳. 평소
커피와 차를 제공하는 파빌리온에서는 봄이 되면 뛰어난 맛과 모양의 딸기 디저트 뷔페를 한시
적으로 선보인다. 음료에 따라 가격이 조금씩 다르다. 매해 할인혜택이나 특별 서비스가 달라지
니 방문하기 전에 확인하는 것이 좋다. 뷔페는 예약을 해야 이용이 가능하다.

- **문의** 02-455-5000, 02-450-4534 · **주소** 서울시 광진구 광장동 22-1 쉐라톤 워커힐 호텔
- **가격** 성인 58,000원 / 초등학생 40,000원 / 미취학 아동 30,000원
- **이용시간** 금 1부 pm 5:30~7:30 / 2부 pm 8:00~10:00
             토, 일 1부 pm 12:00~2:00 / 2부 pm 2:30~4:30/3부 pm 5:00~7:00

상큼한 과일 디저트 인터콘티넨탈 호텔 로비 라운지

공간이 아늑하고 폭신한 소파와 쿠션이 있어 편안한 분위기에서 새콤달콤한 디저트를 즐길 수
있다. 해마다 봄이면 로비 라운지에 딸기 디저트 뷔페가 펼쳐진다. 이 기간에는 생딸기부터 딸
기로 만든 타르트, 푸딩, 롤케이크, 마카롱, 음료 등 다양한 메뉴를 맛볼 수 있다. 계절마다 다
른 과일을 주제로 하는 디저트 뷔페를 선보인다.

- **문의** 02-3430-8603 · **주소** 서울시 강남구 삼성동 인터콘티넨탈 호텔
- **가격** 성인 45,000원 / 아동 27,000원 · **이용시간** 토, 일 pm 12:00~03:00

정통 영국식 애프터눈 티 JW 메리어트 호텔 서울 로비 라운지

허브티 또는 커피, 케이크와 샌드위치가 포함된 정통 영국식 애프터눈 티 세트를 선보인다. 신
선한 채소와 훈제연어가 어우러진 샌드위치, 부드러운 스콘과 쿠키, 계절과일 등 제철 메뉴가
포함돼 계절에 따라 새로운 맛을 선사한다. 7월부터는 체리를 메인으로 새롭게 디저트 뷔페를
시작한다.

- **문의** 02-6282-6736 · **주소** 서울시 서초구 반포동 19-3 JW메리어트 호텔
- **가격** 평일 49,000원 / 주말 59,000원 · **이용시간** 월~금 pm 2:00~5:00

■ 상큼한 제철 과일의 유혹 **그랜드 앰버서더 호텔 로비 라운지**

그랜드 앰버서더 호텔은 계절마다 딸기, 복숭아, 자두, 체리로 만든 다양한 디저트 뷔페를 운영
한다. 2~4월에는 딸기, 5~6월에는 체리, 7~8월에는 복숭아와 자두를 주제로 한다. 과일 음료
및 커피도 골라 마실 수 있어 디저트를 맛있게 즐기기에 좋다.

- **문의** 02-2270-3101
- **주소** 서울시 중구 장충동2가 193-15
- **가격** 성인 42,000원 / 아동 21,000원
- **이용시간** 매주 토 · 일요일 pm 2:00~5:00

■ 프리미엄 디저트가 가득한 **롯데 호텔 서울 더 라운지**

프랑스인 파티셰가 만드는 디저트를 즐길 수 있는 곳. 매년 애프터눈 티 디저트 뷔페를 진행한
다. 제주도산 최고급 애플망고를 사용한 망고 타르트와 피스타치오 생토노레 같은 디저트를 맛
볼 수 있다. 음료는 롯데 호텔 서울 더 라운지의 블렌드 커피와 유럽 황실에서 즐겨 마시는 로
넨펠트 티 중에서 선택할 수 있다.

- **문의** 02-317-7131
- **주소** 서울시 중구 소공동 1 롯데호텔 본관 1층
- **가격** 40,000원
- **이용시간** 매주 토요일 pm 1:00~4:00

■ 달콤한 초콜릿을 마음껏 **레오니다스**

120년 넘는 전통을 자랑하는 벨기에 정통 초콜릿을 맛볼 수 있는
카페. 레오니다스는 벨기에에서 직접 공수한 초콜릿 원액을 이용
해서 달콤한 음료와 디저트를 만든다. 뿐만 아니라 터키산 헤이즐
넛, 페리고산 모렐로 체리 등 최상의 재료를 사용한 디저트도 맛
볼 수 있다. 매년 기간한정으로 초콜릿 뷔페를 열어서 마음껏 초
콜릿을 먹어볼 수 있는 것도 이 카페의 특징이다.

- **문의** 02-798-1312   • **주소** 서울시 용산구 이태원동 127-12
- **가격** 1인 15,000원 / 2인 32,000원(아메리카노 커피 2잔 무료, 2시간 이용)
- **이용시간** 평일 am 8:00~pm 11:00(디저트 뷔페)

주스바

건강을 생각한 디저트가 인기를 끌고 있다. 살도 빼고 건강도 챙기는 디저트가 바로 그린 주스다. 주스바는 이런 그린 주스와 주스를 활용한 주스클렌즈로 사람들에게 맛있고 건강한 디저트를 제공한다.

건강한 사람과 사회를 만드는 머시 주스

머시 주스는 정신과 몸에 자비(mercy)를 베풀어 회복을 돕는다는 뜻을 담고 있다. 수익의 일부는 사회에 환원하고, 청년들이 창업하는 데 도움을 주는 사회적 기업으로도 공헌하고 있다.

재료의 영양소 손실이 거의 없는 콜드프레스 방식으로 주스를 만들며 최근에는 HACCP(식품 안전관리인증)을 받았다.

인기 메뉴는 해독작용을 돕는 클렌즈 프로그램이다. 필수 영양소를 보충해주는 레인보우 클렌즈와 독소와 노폐물을 배출해 몸을 정화시키는 그린 클렌즈 중 하나를 선택할 수 있다. 6병이 한 세트로 하루 동안 음식 대신 2시간 간격으로 6병을 마시면 된다.

- **문의** 02-547-3595　·**주소** 서울 강남구 신사동 551-11 1층
- **찾아가는 길** 3호선 압구정역 4번 출구에서 신구초등학교 방향으로 750m
- **영업시간** am 10:00~pm 10:00 / 일요일 am 11:00~pm 7:00 / 명절, 공휴일 휴무

  tip 5명 이상 주스 클렌즈 프로그램을 신청하면 5% 할인을 받을 수 있다.

현대인을 위한 건강 청사진 블루 프린트

상수동에 위치한 블루 프린트는 농가에서 직접 구해온 신선한 과일, 채소와 매장에서 재배한 밀싹을 초음파와 멸균 장치로 세척해 주스를 만든다.

이곳은 좌석에 앉아서 주스를 즐기는 사람보다 테이크아웃하는 사람들이 더 많다. 전화나 인터넷으로 주문을 받아 주스를 배달하거나 손님이 직접 매장을 방문해 찾아간다.

블루 프린트의 주스 클렌즈 프로그램은 초보자도 쉽게 마실 수 있는 비기너, 주스가 익숙해진 사람들을 위한 리뉴, 채소 비율이 높아진 어반 레머디 세 가지가 있다. 하루 350mL씩 6병을 마시는 구성이며 리뉴 단계에는 다이어트에 효과적인 미란다 커 해독 주스도 포함되어 있다.

- **문의** 070-5033-1801 / www.blueprintjuicebar.com
- **주소** 서울시 마포구 상수동 317-6
- **찾아가는 길** 지하철 6호선 1번 출구에서 합정역 방향으로 100m
- **영업시간** am 10:00~pm 9:00 / 월요일 휴무

  tip 블루 프린트 홈페이지에서 자신만의 클렌즈 프로그램을 만들 수 있다.

국내 최초의 주스바 **스퀴즈 빌리지**

스퀴즈 빌리지는 국내 최초로 디톡스 전문 주스바를
오픈하여 주스 전성시대를 이끈 선두주자 중 하나다.
테이크아웃을 전문으로 하는 다른 주스바와 다르게
넓은 좌석을 갖추고 있어서 매장에서 주스를 즐기고
싶은 사람도 편하게 이용할 수 있다는 장점이 있다.
스퀴즈 빌리지에서 직접 개발한 클렌즈 프로그램은 해
독 주스와 밀싹 주스를 기반으로 안티에이징, 쾌변, 브
라이트닝 등 효능에 따라 나뉜다. 결혼을 앞둔 여성들
을 위한 웨딩 클렌즈 프로그램도 있는데 얼굴의 붓기
와 군살을 빼주고 피부도 깨끗하게 만들어줘 큰 인기
를 얻고 있다.

- **문의** 070-7761-3662(본점)/070-8860-3662(홍대점) / squeezevillage.com
- **주소** 서울시 강남구 논현동 116-7(본점) / 서울시 마포구 서교동 486번지 서교 푸르지오상가 137호(홍대점)
- **찾아가는 길** 7호선 강남구청역 3번 출구에서 학동역 방향으로 300m(본점) / 2호선 홍대입구역 9번 출구에서 홍익
  대학교 방향으로 300m(홍대점)
- **영업시간** am 10:00~pm 9:00 / 명절 휴무

  tip 직접 만들어 먹을 수 있는 미란다 커 해독 주스 DIY 키트는 완제품보다 가격이 저렴하다.

건강한 식생활을 알려주는 **에너지 키친**

에너지 키친 경미니 대표는 뉴욕시립대학교에서 디톡스에 대해 체계적으로 배우고 돌아와 에
너지 키친을 열었다. 에너지 키친은 주스 사업뿐만 아니라 비건푸드·로푸드에 대한 소개와 클
래스를 운영하고 건강 관련 워크숍을 열면서 건강한 식생활 문화를 알리고 있다.
이곳의 주스 클렌즈를 신청하려면 먼저 상담을 받아야 한다. 사람마다 몸 상태, 마음 상태, 자
라온 환경 등이 다르기 때문에 주스 레시피도 그에 따라 달라져야 한다는 것이 에너지 키친의
생각이다. 상담은 매장을 방문해서 받을 수 있으며 전화로 미리 상담시간을 예약해야 한다.

- **문의** 070-8838-8879(어바웃점) / 010-9426-8879(본점) / www.energykitchen.co.kr
- **주소** 서울특별시 강남구 신사동 524-35(어바웃점) / 서울시 용산구 한남도 745-11(본점)
- **찾아가는 길** 3호선 신사역 8번 출구에서 가로수길 방향으로 900m(어바웃점) / 6호선 이태원역 2번 출구에서 벨기
  에 대사관 방향으로 750m(본점)
- **영업시간** am 11:00~pm 10:00 / 월요일 휴무

  tip 주스 클렌즈 디톡스 클래스 및 로푸드 취미반 등 원데이 클래스를 진행하고 있으며 수업 일정은 경미니 대표의
  블로그(www.wizmini.com)나 전화를 통해 확인할 수 있다.

Index

cooking tip

우리집에 꼭 필요한 생활요리 대백과
한복선의 우리음식

신세대 주부들도 쉽게 따라 할 수 있는 한국 전통 음식 교과서. 가정요리, 명절음식, 궁중음식, 향토음식, 건강요리, 김치·장아찌 등 기본에 충실하면서도 실용적인 요리가 가득 담겨 있다.

한복선 지음 | 304쪽 | 210×255mm | 15,000원

왕초보를 위한 요리 교과서
한복선의 요리 1학년

요리 왕초보를 위한 기초 중의 기초 요리책. 칼 잡는 법부터 계량법, 기본양념, 재료 고르기와 손질법 등 요리의 기본기를 꼼꼼하게 잡아주고 국·찌개, 구이, 조림, 나물 등 조리별 맛내기 노하우를 자세히 알려준다.

한복선 지음 | 280쪽 | 210×275mm | 15,000원

대한민국 대표 요리책
한복선의 엄마의 밥상

최고의 요리전문가 한복선 선생님이 알려주는 엄마 손맛의 비결. 별미반찬, 국·찌개·전골, 한 그릇 한 끼, 우리 집 별식, 김치·장아찌·피클 등 일상요리가 다 들어 있다. 반찬 만들기 기본 테크닉 등도 자세히 소개되어 있다.

한복선 지음 | 280쪽 | 210×265mm | 13,000원

우리 식탁엔 우리 음식
일주일 밑반찬 사계절 장아찌

주부들의 반찬 고민을 덜어주는 밑반찬 요리책. 장조림, 마른반찬, 깻잎장아찌 등 대표 밑반찬과 슬로푸드 장아찌, 새콤달콤한 피클, 입맛 살리는 젓갈 75가지가 담겨 있다. 만들기 쉽고, 전통의 맛을 살린 레시피가 가득하다.

최승주 지음 | 144쪽 | 210×265mm | 9,800원

먹을수록 건강해지는 우리 음식
나물이 좋다

기본 나물부터 향토 나물까지 다양한 나물 레시피 78가지를 담았다. 생채와 겉절이, 살짝 데쳐 무치는 무침나물, 양념해 볶는 볶음나물, 나물로 만드는 별미요리 등이 있다. 사계절 제철 나물과 고르기, 손질 요령 등도 정리했다.

리스컴 편집부 | 136쪽 | 210×265mm | 9,800원

토속음식에서 퓨전요리까지, 된장요리 73
우리 몸엔 된장이 좋다

항암 효과가 뛰어나고 성인병 예방에도 좋은 된장요리책. 국·찌개, 밥반찬, 별미요리, 일품요리, 나토요리 등 현대인의 입맛에 잘 맞는 된장요리 73가지를 담았다. 된장의 효능, 집에서 된장 담그기와 시판 된장 고르기, 여러 가지 된장소스, 된장요리 전문점도 소개한다.

최승주 지음 | 192쪽 | 190×260mm | 13,000원

시간은 아끼고 영양은 높이고
5분 아침 식탁

아침밥을 챙기기 어려운 바쁜 현대인들을 위한 브런치 스타일의 간단 아침식사 31가지. 여자영양대학의 교수진이 탄수화물, 단백질, 지방, 미네랄의 균형을 맞춘 레시피를 개발했다. 미리 준비하면 좋은 채소 저장식, 가공식품, 소스 등도 함께 넣었다.

여자영양대학 지음 | 120쪽 | 180×230mm | 12,000원

바쁜 현대인을 위한 스피드 & 영양만점 레시피
후다닥 간단 밥상

바쁘게 살아가는 맞벌이 부부, 혼자 사는 싱글족들을 위해 후다닥 만들어 맛있게 즐길 수 있는 요리들을 모은 책. 손님상, 다이어트식, 간식 등 184가지 영양만점 레시피와 요리 노하우가 담겨 있다.

김경미 지음 | 224쪽 | 190×245mm | 13,000원

내 몸이 가벼워지는 시간
샐러드에 반하다

한 끼 샐러드, 도시락 샐러드, 저칼로리 샐러드, 곁들이 샐러드 등 쉽고 맛있는 샐러드 레시피 56가지를 한 권에 담았다. 다양한 맛의 45가지 드레싱과 각 샐러드의 칼로리, 건강한 샐러드를 위한 정보도 함께 들어 있어 다이어트에도 도움이 된다.

장연정 지음 | 168쪽 | 210×256mm | 12,000원

로푸드 다이어트 레시피 103
로푸드 디톡스

로푸드는 체내의 독소를 제거하고 면역력을 높여줘 자연스럽게 다이어트까지 이어지도록 한다. 로푸드 레시피 103개와 주스 펄프 사용법, 활용도 만점 드레싱 등 플러스 레시피가 수록돼 있어 로푸드가 낯선 사람도 어렵지 않게 시작할 수 있다.

이지연 지음 | 216쪽 | 210×265mm | 12,000원

맛있는 다이어트
닭가슴살 요리 60

다이어트에 닭가슴살이 좋다는 것은 알지만 매일 같은 것만 먹으면 질리기 쉽다. 이 책은 샐러드, 구이, 한 그릇 요리, 도시락 등 쉽고 맛있는 닭가슴살 요리 60가지를 소개한다. 기본 메뉴부터 개성 만점 별미 메뉴까지 소개해 다양한 맛을 즐길 수 있다.

이양지 지음 | 144쪽 | 210×265mm | 11,500원

몸이 가벼워지는 한 끼
자연주의 채식요리

맛있고 몸에 좋은 건강죽을 담은 책. 우리 음식의 대가 한복선 요리연구가가 오랜 노하우를 담아 전통 죽은 물론, 현대인에게 필요한 영양죽, 약재를 넣어 건강을 되찾아주는 약죽 등을 소개한다.

이양지 외 지음 | 160쪽 | 180×260mm | 9,800원

간편한 도시락은 다 모였다!
김밥·주먹밥·샌드위치

만들기 쉽고, 먹기 편한 도시락 메뉴 78가지를 소개한 책. 김밥, 주먹밥, 초밥, 캘리포니아 롤, 샌드위치 등이 모두 들어 있다. 밥 짓기, 양념하기, 김밥 말기, 배합초 버무리기 등 기초 테크닉도 꼼꼼하게 알려준다.

최승주 지음 | 184쪽 | 190×245mm | 12,000원

달콤한 나의 첫 베이킹 북
쁘띠 쿠키 레시피

플레인 쿠키, 초코 쿠키, 팬시 쿠키, 과일 쿠키, 매운 쿠키, 견과 쿠키 등 달콤한 쿠키 레시피 50개가 들어 있다. 베이킹을 처음 하는 초보자도 쉽게 따라할 수 있는 간단한 레시피로 구성되어 있으며, 응용할 수 있는 팁도 함께 넣었다.

스테이시 아디만도 지음 | 120쪽 | 170×220mm | 12,000원

천연 효모가 살아있는 건강 빵
천연발효빵

맛있고 몸에 좋은 천연발효빵을 소개한 책. 단순한 홈베이킹의 수준을 넘어 건강한 빵을 찾는 웰빙족을 위해 과일, 채소, 곡물 등으로 만드는 천연 발효종 20가지와 천연 발효종으로 굽는 건강빵 레시피 62가지를 담았다.

고상진 지음 | 200쪽 | 210×275mm | 13,000원

미니오븐으로 시작하는
쿠키·빵·케이크

초보자를 위한 미니오븐 베이킹 레시피 50가지. 바삭한 쿠키와 담백한 스콘, 다양한 머핀과 파운드케이크, 폼 나는 케이크와 타르트, 누구나 좋아하는 인기 빵까지 모두 담겨 있다. 베이킹을 처음 시작하는 사람에게 안성맞춤이다.

고상진 지음 | 144쪽 | 210×256mm | 12,000원

사랑하는 사람에게 마음을 전하는 80가지 레시피 & 아이디어 포장법
행복한 선물요리

쿠키와 케이크, 초콜릿과 음료, 한과와 정과 등 선물하기 좋은 맛있고 예쁜 요리 80가지의 레시피를 담은 책. 각 요리마다 예쁜 포장법을 알려줘 선물의 가치를 한층 높일 수 있다. 웃어른, 연인, 어린이, 이웃 등 대상별·테마별로 적용할 수 있다.

손성희 지음 | 168쪽 | 190×245mm | 12,000원

손님상에, 도시락에… 센스를 뽐내세요
과일 예쁘게 깎기

30여 가지의 과일과 채소를 예쁘고 먹기 좋게 깎을 수 있도록 소개한 책. 꽃·동물·나뭇잎 모양 등 60여 가지의 다양한 깎기와 모양내기 방법을 과정 사진과 함께 자세히 알려준다. 과일음료, 과일잼, 과일주 등 응용 요리도 담겨 있다.

구본길 지음 | 144쪽 | 190×230mm | 9,800원

영양사 엄마와 소아과 원장이 함께 차리는 영양 밥상
우리 아이에게 꼭 먹이고 싶은 유아식

영양사 출신의 엄마와 소아과 원장이 함께 소중한 우리 아이를 위한 맛깔 나는 영양 만점 유아식을 완성했다. 아이의 건강을 위해 꼭 필요한 반찬부터 생일상 차리기까지 완벽한 유아식 레시피 120가지를 골고루 담았다. 소아과 전문의의 영양 가이드도 유용하다.

박효선·서정호 지음 | 256쪽 | 190×230mm | 13,000원

알면 알수록 특별한 술
와인 & 스피릿

포도 품종과 지역별 특징, 고르는 법, 라벨 읽는 법, 마시는 법까지 와인의 모든 것을 자세히 알려주는 지침서. 소믈리에가 추천한 100가지 와인 리스트는 초보자도 와인을 성공적으로 고를 수 있도록 도와준다. 비즈니스에서 빼놓을 수 없는 양주에 대해서도 알려준다.

김일호 지음 | 216쪽 | 152×225mm | 12,000원

수납부터 가구배치까지… 인테리어 아이디어 50
좁은 집 넓게 쓰는 정리의 기술

좁은 집, 좁은 방을 좀 더 넓게 쓰고 싶은 사람을 위한 인테리어 책. 인테리어 전문가인 저자가 실제 사례를 바탕으로 집 안을 넓고 예쁘게 바꾸는 방법 50가지를 제안한다. 정리정돈부터 가구배치, 소품배열 등 인테리어 테크닉이 가득 담겨 있다.

카와카미 유키 지음 | 136쪽 | 170×220mm | 12,000원

좁은 집 넓게 쓰는 인테리어 아이디어 54
집안을 확 바꾸는 수납의 기술

집 안을 어지럽히는 물건들을 쉽고 효율적으로 정리하는 수납 아이디어 북. 인테리어 전문가인 저자가 실제 사례를 바탕으로 다양한 상황에 적용할 수 있는 수납의 기술을 알려준다. 수납 방법을 한눈에 알 수 있는 그림이 특징이다.

카와카미 유키 지음 | 136쪽 | 170×220mm | 11,200원

가구, 소품, 패브릭으로 예쁘고 편리하게
이케아 스타일 인테리어

심플하고 실용적인 디자인의 이케아 가구, 소품, 패브릭으로 집 안을 개성 있고 살기 편하게 꾸민 집들을 소개한다. 예쁘고 정돈된 집, 소품으로 포인트를 준 집, 패브릭으로 개성을 살린 집, 꿈이 가득한 아이 방 등 아이디어들이 가득하다.

안미현 옮김 | 128쪽 | 210×275mm | 12,000원

내가 살고 싶은 집, It's IKEA style!
북유럽 디자인 + 이케아로 꾸민 집

심플하고 기능적인 이케아 제품으로 꾸민 북유럽 스타일의 인테리어 책. 가구에서부터 소품, 수납까지 이케아만의 아이디어와 센스가 듬뿍 담겨 있다. 살기 편하고 개성 넘치는 인테리어 감각을 배울 수 있다.

이예린 옮김 | 120쪽 | 210×275mm | 12,000원

Modern & Simple
내가 꿈꾸는 내추럴 하우스

천연소재로 집을 짓고 꾸민 내추럴 하우스 20곳을 프렌치, 모던, 심플 세 가지 스타일로 소개한다. 가족 구성을 고려한 설계부터 마감재, 가구, 소품 연출까지 편안한 내추럴 인테리어 노하우가 자세히 담겨 있다.

주부의벗 편집부 지음 | 156쪽 | 210×257mm | 11,200원

우리 바람 쐬러 갈까?
서울·근교 베스트 여행지 50

서울과 수도권에서 쉽게 찾아 갈 수 있는, 가깝고 재미난 나들이 장소들을 모았다. 데이트 코스, 힐링 코스, 가족여행 코스, 건강 코스, 유적 코스로 구분해 보기 편하고 맛집 정보와 상세한 지도까지 수록해 알차다.

편경애 지음 | 264쪽 | 148×210mm | 13,000원

신이 숨겨둔 마지막 여행지
언젠가는, 페루

천혜의 자연과 유구한 역사가 한데 어우러진 낭만의 여행지 페루. 수도 리마, 와카치나 사막, 쿠스코, 마추픽추, 티티카카 호수, 그리고 숨겨진 역사, 경제, 문화 등 페루 여행의 모든 것을 한 권의 책에서 만난다.

이승호 지음 | 240쪽 | 146×205mm | 13,000원

누구나 한 번쯤 꿈꾸는 그곳
언젠가는, 터키

터키 여행 에세이 겸 가이드북. 신비로움을 간직한 도시 이스탄불, 웅장한 자연경관에 놀라게 되는 파묵칼레와 카파도키아, 여유로움을 만끽할 수 있는 지중해…. 터키 여행의 모든 것을 한 권에 담았다.

장은정 지음 | 264쪽 | 146×205mm | 13,000원

6년차 뉴요커가 알려주는 핫 스팟
로사의 뉴욕 훔쳐보기

6년차 뉴요커가 소개하는 뉴욕 여행책. 뉴욕을 테마별로 나누어 여행 목적에 맞게 계획을 짤 수 있다. 또한 저자가 알려주는 뉴요커들만 알고 있는 이벤트, 문화 등을 즐기다 보면 뉴요커가 된 기분을 느낄 수 있을 것이다.

김로사 지음 | 328쪽 | 146×205mm | 13,000원

지브리에서 슬램덩크까지,
애니메이션으로 만나는 또 다른 일본
낭만 레트로 일본 애니여행

애니메이션에 등장하는 장소와 만화가들의 흔적을 찾아보는 신개념 테마 여행. 남녀노소 누구나 좋아하는 일본의 애니메이션 포인트 11곳을 담았다. 여행지 정보와 주변 관광지도 함께 소개해 처음 방문하는 사람이라도 즐겁게 떠날 수 있다.

윤정수 지음 | 208쪽 | 138×190mm | 12,000원

유럽 스타일 핸드메이드 소품 & 액세서리
태팅레이스 레시피

사랑스럽고 세련된 태팅레이스 DIY 북. 목걸이, 귀걸이, 팔찌부터 가방, 벨트, 컵받침까지 유럽 스타일의 핸드메이드 액세서리와 소품이 가득하다. 기초부터 다양한 테크닉, 작품 만들기까지 사진과 그림을 곁들여 자세히 설명하고 있어 초보자도 쉽게 따라 할 수 있다.

페이코 지음 | 128쪽 | 182×235mm | 12,000원

특별한 날을 위한 25가지 꽃 장식
종이꽃 만들기

진짜 꽃보다 더 진짜 같은 종이꽃 25가지가 담겨 있다. 상세한 과정 사진과 실제 크기의 도안이 수록되어 있어 누구나 쉽게 만들 수 있다. 별다른 도구 없이도 자르고 붙이기만 하면 나만의 종이꽃이 완성된다. 선물 포장, 부케, 파티 장식, 인테리어 등 생활 속에서 다양하게 활용할 수 있다.

제파리 루델 지음 | 전순덕 감수 | 144쪽 | 193×215mm | 13,000원

트러블 · 잡티 · 잔주름 없는 명품 피부의 비결
홈메이드 천연화장품 만들기

피부를 건강하고 아름답게 만들어주는 홈메이드 천연화장품 레시피 북. 클렌저, 로션, 세럼, 팩, 보디 케어 제품, 비누, 목욕용품 등 고급스럽고 내추럴한 천연화장품 35가지가 담겨 있다. 단계별 사진과 함께 자세히 설명되어 있어 누구나 쉽게 만들 수 있고, 사용법도 친절하게 알려준다.

카렌 길버트 지음 | 152쪽 | 190×245mm | 13,000원

쉬운 재단, 멋진 스타일
내추럴 스타일 원피스

직접 만들어 예쁘게 입는 27가지 스타일 원피스. 모든 원피스마다 단계별, 부위별로 자세한 과정을 일러스트로 설명해준다. S, M, L 사이즈로 나뉜 실물 크기 패턴도 함께 수록되어 있어 재봉틀을 처음 배우는 초보자라도 뚝딱 만들 수 있다.

부티크 지음 | 112쪽 | 210×256mm | 10,000원

Body Shape & Healing
그녀들의 심플 요가

몸매도 가꾸고 정신적, 신체적 증상도 치유하는 요가 자세를 알려주는 책. 탄력 있는 몸매, 스트레스 해소, 건강, 치유, 해독, 심리 안정 등에 효과 있는 48가지 자세를 소개한다. 심플한 구성과 정확하고 상세한 그림 설명이 특징이다.

에이미 루이스 지음 | 136쪽 | 170×220mm | 12,000원

아기는 건강하게, 엄마는 날씬하게
소피아의 임산부 요가

임산부의 건강과 몸매 유지를 위해 슈퍼모델이자 요가 트레이너인 박서희가 제안하는 맞춤 요가 프로그램. 임신 개월 수에 맞춰 필요한 동작을 자세히 소개하고, 통증을 완화하는 요가, 커플 요가, 산후 요가 등도 담았다. 30분 요가 프로그램 DVD도 있다.

박서희 지음 | 176쪽 | 182×235mm | 12,000원

언제 어디서나 갖고 다니며 펼쳐보는
임신 출산 핸디북

가방 속에 갖고 다니면서 볼 수 있는 작은 크기의 임신 가이드북. 임신 준비부터 출산 직후까지 8개 챕터로 나누어 임신부가 알아야 할 기본 상식을 차근차근 알려준다. '의사의 한마디', '아빠만 보세요' 등 팁 정보도 가득 담겨 있다.

사라 조던 · 데이비드 우프버그 지음 | 서예진 옮김 | 240쪽 | 140×185mm | 12,000원

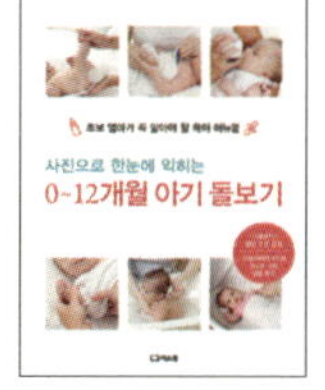

초보 엄마가 꼭 알아야 할 육아 매뉴얼
사진으로 한눈에 익히는 0~12개월 아기 돌보기

초보 엄마 아빠에게 꼭 필요한 육아 가이드북. 출생 후 12개월까지 안아주기, 수유하기, 기저귀 갈기, 달래기, 목욕시키기 등 아이 돌보기의 모든 것이 풍부한 사진과 함께 상세히 설명되어 있어 쉽게 따라 할 수 있다.

프랜시스 윌리엄스 지음 | 112쪽 | 190×260mm | 10,000원

똑똑한 엄마의 선택
닥터맘 이유식

생후 4개월부터 36개월까지 단계별로 꼭 필요한 영양을 담은 건강 이유식 레시피. 미음부터 죽, 진밥, 덮밥, 국수, 샐러드, 국, 반찬 등 다양한 이유식과 유아식을 담았다. 차근히 따라 하면 건강하고 튼튼하게 키울 수 있다.

닥터맘 지음 | 216쪽 | 190×230mm | 13,000원

산부인과 의사가 들려주는 임신 출산의 모든 것
똑똑하고 건강한 첫 임신 출산

임신 전 계획부터 산후조리까지 현대를 살아가는 임신부를 위한 똑똑한 임신 출산 교과서. 20년 산부인과 전문의가 인터넷 상담, 방송 출연 등을 통해 알게 된, 임신부들이 가장 궁금해하는 것과 꼭 알아야 것들을 알려준다.

김건오 지음 | 304쪽 | 190×230mm | 15,000원

유익한 정보와 다양한 이벤트가 있는
리스컴 블로그로 놀러 오세요!

홈페이지 www.leescom.com
맛있는 책 카페 cafe.naver.com/leescom
리스컴 블로그 blog.naver.com/leescomm

인기 디저트 카페의 스위트 레시피

달콤한
나의 디저트

지은이 | 이미리
사진 | 박천성 Derek Lee

편집 | 조유진 양한주
디자인 | 김지혜
마케팅 | 장기봉 황기철
영업관리 | 박태은

출력·인쇄 | HEP

펴낸이 | 이진희
펴낸곳 | (주)리스컴

초판 1쇄 | 2015년 7월 20일
초판 3쇄 | 2015년 9월 17일

주소 | 서울시 강남구 언주로134길 11-5
전화번호 | 02-540-5192(경영관리부)
02-540-5193, 02-544-5944(마케팅부)
02-544-5922, 5933(편집부)
02-544-5934(미술부)
FAX | 02-540-5194
등록번호 | 제2-3348

ISBN 979-11-5616-081-6 13590
책값은 뒤표지에 있습니다.